JN127769

気候正義

Climate Justice

地球温暖化に立ち向かう規範理論

宇佐美 誠［編著］

勁草書房

はしがき

2018年は気象災害の年だった。平成30年7月豪雨では、総雨量が四国地方で1800ミリに達し、224名の人命が奪われ、全壊は約7700戸、床上浸水は約8600戸に上った。それに続く猛暑では、気温が埼玉県で全国歴代第1位の41.1℃を記録し、熱中症の死者は133名、緊急搬送された人は約5万4200名に達した。さらに、台風21号が日本を襲い、最大瞬間風速が全国の観測点927か所中100か所で史上最大となり、高潮は第二室戸台風（1961年）での記録を上回った。

このような一連の気象災害を目の当たりにすると、多くの人は、ある疑念を払いのけるのがますます難しくなるだろう。地球温暖化はすでに起こっているのではないか。無論、気象はさまざまな要因が組み合わさる複雑な現象だから、地球の平均気温の上昇という平均的変化のみによって、ある国で特定の年に起こった個々の事象を説明することはできない。だが、夏季の猛暑の昂進は、誰もがただちに思いつく温暖化の影響の一つである。また、温暖化によって南洋の海水温が上昇すれば、より多量の海水が蒸発して、低気圧が生じやすくなり、台風が大型化しやすいだろうということも、たやすく理解できる。

実際、地球温暖化をふくむ気候変動は、いずれは生じるかもしれない変化ではないばかりか、やがて訪れるだろう変化でさえない。それは、すでに起こり始めた変化である。全米科学振興会は、ウェブサイト「私たちが知っていること」（whatweknow.aaas.org）のなかで述べている。

> 十分に確立された証拠にもとづいて、約97%の気候科学者は、人間が原因の気候変動が起こっていると結論づけてきた。……地球の平均気温は、過去100年間に約1.4 ℉〔約0.8℃〕上がった。海面は上昇しており、

熱波や大雨のようないくつかのタイプの極端な現象はよりひんぱんに起こっている。

しかも、すでに表れている気候変動の悪影響は、これから何十年、何世紀にもわたって深刻化し続けるだろうと予想されている。何よりもまず、二酸化炭素（CO_2）、メタンなどの温室効果ガス（GHG）の地球全体での排出は年々増加しており、その増加率は上昇している。たしかに、国連気候変動枠組条約（1992年）の下、京都議定書（1997年）やその後続であるパリ協定（2015年）に代表されるとおり、国際社会でさまざまな枠組みが構築され、実施されてきた。しかしながら、石炭・石油の産出国が化石燃料に巨額の補助金を与えるなど、気候変動への取り組みに逆行する政策は多くの国で現に維持されている。そして、大気中のCO_2濃度は空前の高水準に達している。1850年時点では280 ppmだったところ、2018年には月平均で410 ppmを超えたが、これは過去80万年で最高の数値である。人間の排出するCO_2が増加の一途をたどってきたことを踏まえて、現在の歴史的な高濃度は今後いっそう顕著になるだろうと、多くの研究者は予測している。

だが、CO_2などのGHGの大幅な排出削減が近い将来に実現されるといったん仮定してみよう。その場合、私たちは早晩のうちに気候変動の悪影響から逃れられるか。残念ながら、答えはノーである。まず、CO_2の特徴の一つは長期残留性にある。大気中のCO_2の一部は数年以内に植物や海水などに吸収されるが、しかし別の部分は数十年間、数百年間も滞留し、さらに別の部分は1000年以上も残存する。私たちがたとえ排出をやめたとしても、大気中にすでにあるCO_2は、今後の何世紀にもわたって人類に悪影響を与え続けるだろう。

それに加えて、さまざまなフィードバックが生じる。たとえば、現在までのGHG排出によって気温が高くなると、海水温も上がるから、水蒸気が増える。水蒸気は、総体としては温室効果が最も大きいGHGだから、地球をいっそう温める。また、GHG排出による気温上昇の結果、グリーンランド・南極の氷床や山地の氷河が融解すると、露出した土壌からメタンが発生する。しかも、土は氷と比べて、太陽光線を反射せずむしろ吸収するから、温暖化がいっそう進行する。他には、CO_2 濃度の上昇により、植物が光合成を活発化させ、いったんはより多くの CO_2 を吸収するようになる。しかし、気温が上昇しつづけると、植物は生育環境に適応できず、光合成を減退させるので、CO_2 の吸収量はむしろ減少する。CO_2 の長期的残留の下でフィードバックが螺旋的に進行すると、人類は、何十年、何世紀にもわたって加速度的に深刻化する気候変動の悪影響にさらされるだろう。

気候変動、とくに地球温暖化は、今後どこまで進行するか。最も知られているのは、米国科学アカデミーのチャーニー報告書（1979 年）から、気候変動に関する政府間パネル（IPCC）の第五次評価報告書（2007 年）にいたるまで示されてきた、産業革命前と比べて 1.5°～4.5℃ 上昇という気候感度だろう。気候感度とは、CO_2 濃度が倍増した場合に地球の平均気温が平衡状態にいたったときの上昇分である。だが、事態はより急速に悪化している。IPCC は 2018 年、現在の排出ペースでは、早ければ 2030 年にも 1.5℃ 上昇に達するだろうと予測している。2100 年あるいはそれ以後での 6℃ 上昇の可能性を指摘する欧米の研究者も少なくない。6℃ は起こりにくいとされるものの、気候変動は顕著に不確実だから、生起の可能性を否定することはできない。しかも、不確実性は、特定の時点での上昇幅だけでなく上昇法についても言える。多くの研究では緩やかな気温変化が想定されているが、過去数十万年について明らかとなっている気温変化の軌跡から、急激な変化の可能性を否定できないという指摘もある。

たとえば 4.5℃ 上昇が起こるならば、私たちはどのような影響を受けるか。この問いについて考えるため、遠い過去の状況を振り返ってみよう。いまから約 2 万 1000 年前の最終氷期最盛期には、地球の平均気温は現在よりも 4°～5℃ 低かったという。これにすぐ続く時代に、地球はどのようだったか。海面は現在よりもはるかに低かったため、シベリアから北海道まで、北海道から九州まではすべて地続きで、瀬戸内海も陸地だった。シベリアとアラスカも地続きだったため、人類の一部はユーラシア大陸からアメリカ大陸へと移動できた。平均気温が現在よりも数度低かった時代の状況を参照すると、いまよりも数度高くなった場合に、いかに大規模な変化が生じるかを推測できる。とくにわが国では、国土の7割が山地・丘陵地であるため、臨海の平野部に人口の大半が居住し、産業が集積している。海面上昇は将来の日本居住者に、大規模な集団移住や事業所施設の移転・廃棄を強い、莫大な金額の経済的損失をおよぼすと考えられる。

気候変動の悪影響は海面上昇にとどまらない。台風・サイクロン・ハリケーンの大型化や頻発、暑熱の昂進や熱波、乾燥化・砂漠化、マラリア・デング熱等の熱帯性伝染病の拡大、膨大な数の生物種の絶滅など、枚挙にいとまがない。そして、これらの一例と考えられる現象は、すでに世界各地で発生しており、近い将来にはいっそう激化するだろうと言われる。ヨーロッパで気候変動による悪夢として記憶されている2003年の熱波では、死者数はフランスだけで1万5000人、ヨーロッパ全体では少なくとも3万人に上った。2008年のサイクロン・ナルギスでは、ミャンマーを中心に14万人以上が命を奪われた。2011年の東アフリカ大旱魃では、ソマリアなどで1200万人が生存をおびやかされた。さらに、世界保健機関（WHO）によれば、2030年から2050年の間に、毎年約25万人が栄養失調・マラリア・熱中症などにより死亡するだろう。気候変動は、海面上昇の他にも種々の悪影響をすでに引き起こしており、その悪影響は徐々に深刻化しつつあり、そして先進国以上に途上国でいっそう甚大な被害を生むのである。

＊　＊　＊

気候変動がもたらしつつある深刻な事態を前にして、1990年代初頭から、気候変動や気候変動政策をめぐる哲学的・倫理学的な諸論点に取り組む新たな研究領域が形成され発展してきた。これは今日では、気候正義（climate justice）と呼ばれる。気候正義の一つの主要論点は、気候変動を遅らせ緩やかにするための緩和策にともなう負担をいかに分配するかである。とりわけ、GHG排出権をどのように分配するかが論じられてきた。IPCCの評価報告書に集約された世界中の気候科学者の研究成果が示すように、現下の気候変動の原因がGHG排出にあるならば、気候変動への緩和策として地球全体での排出削減が必須であることになる。排出してもよい総量の上限がどこかに定まるならば、次にその総量を世界中の国々または人々の間でどのように分配するかを決めなくてはならない。あるものを分配するときには、どのような分配が正しいか、つまり分配的正義の問いを避けられない。そして、この主題に取り組む際、多くの論者は二重の南北格差に注目してきた。先進国の一人当たり排出量は、途上国のそれを大きく上回る一方で、途上国は先進国と比べて、気候変動の影響に対してはるかに脆弱である。こうした二重の格差を是正することを多くの論者がめざしてきた点に、GHG 排出権の分配的正義論の大きな特徴がある。

他方、気候変動の悪影響を小さくしようとする適応策についても、費用分配が問われる。前述のように、先進国がおもに気候変動を引き起こす一方で、その被害は途上国でいっそう大きいならば、各途上国での適応策の費用を先進諸国が部分的に負担することは、理にかなうように思われる。そこで、先進諸国は各途上国の適応策の費用を負担するべきかが問われる。また、負担するべきだとすれば、どこまでか。そして、費用負担を先進国間でどのように分担するかも問われる。さらに、緩和策であれ適応策であれ、負担を怠る国が現れた場合に、他国はその負担を代わりにはたすべきかという問いも生じる。これらもまた、気候正義上の論点となる。

CO_2 の長期残留性やフィードバックの螺旋的進行という特徴は、気候正義にとって二つの重要な規範的含意をもつ。第一は、現在世代と将来世代の規範的関係である。現在の先進国市民や新興国の中産階級は、化石燃料に依存した大量生産・大量消費の経済システムを通じて、快適で便利な生活を享受している。他方、現在の経済システムの下で排出される膨大な GHG 排出によって、将来世代は、多数の死者をふくむ甚大な損失をこうむるだろう。このような関係において、現在世代は将来世代の利益を配慮する義務を負うか。負うならば、その根拠は何か。どれほど遠い将来世代までを配慮するべきか。配慮義務は具体的にいかなる政策・行動を求めるか。将来世代への配慮が現在世代内部での配慮と衝突するならば、優先順位はどのようになるか。これらの問いは、1970 年前後に興隆し、今日では世代間正義（intergenerational justice）と呼ばれる領域で考察されてきたが、気候変動をめぐってとりわけ先鋭化する。

第二の含意は、過去の排出に対する現在世代の歴史的責任である。先進国に住む私たちは、過去の産業化のおかげで富裕・快適な生活を営んでいる。他方、1850年以降に大気中のCO_2濃度が上昇してきたという事実が示すように、産業化はGHG排出量の増大をもたらし、それが招く気候変動は途上国の人々やその子孫に対して重大な悪影響を与える。そのため、先進国市民は、過去の排出にもとづく特別な責任を負うかが問われる。具体的には、上記のGHG排出権の分配において、過去の排出を理由として排出権の縮小を求められる排出債務や、途上国での適応策の費用を一部負担する適応債務を負うかが論じられている。

気候変動からの悪影響にさらされているのは、人間だけではない。他の多くの動植物が、個体数の減少、生存環境の悪化、さらには種の絶滅の危機にさらされる。そこで、人間は、他の生物種の個体・種や生態系についていかなる義務を負うか、その根拠は何であるか、どの範囲の生物種が配慮されるべきかなどが問われうる。これらの問いへの答えは、環境倫理学でかつてさかんに対比された人間中心主義と生態系中心主義のいずれに立つかによって異なる。ただ、ローカルな環境破壊と異なって、グローバルな気候変動の場合には、はるかに広範囲にわたる含意をもつ。ここにも、従来からの論点が、気候変動をめぐって先鋭化された形で現れている。

これまでに概観してきた諸論点をめぐって、この四半世紀間に膨大な研究がおもに英語圏で蓄積されてきた。とくに近年には、学術論文は言うにおよばず、単行本や論文集も毎年のように公刊されている。他方、わが国に目を移すと、気候正義はいまなおほぼ未開拓のままである。こうした大きな間隙を多少とも埋めるために、気候正義やそれに密接に関連する諸論点について多角的検討を行ったのが、本書である。執筆者の専門は法哲学・政治哲学・経済哲学にわたり、相互に関連しつつも多様な観点から考察を行っている。

＊　＊　＊

各章を概観しよう。第Ⅰ部は、グローバルな射程をもった諸論点をあつかう。第1章（ヘンリー・シュー）には、気候正義の学説史における記念碑的論文である“Subsistence Emissions and Luxury Emissions,” *Law and Policy* 15(1), 1993, pp. 39–60の全訳が収録されている。ただし、節番号などには、本書の形式的統一性の観点から最小限の変更を加えた。人権論や拷問・戦争の分析でも著名なシューは、本章において、緩和策費用の分配、適応策費用の分配、これらをめぐる国際交渉を公正なプロセスとする富の背景的分配、排出権の分配および移行という四つの論点を区別した上で、論点間の関連にも留意しつつ順に考察している。排出権の分配に関しては、途上国の人々が生計のために行う排出と、先進国の私たちが奢侈的に行う排出という重要な区別を提示する。そして、これらの区別を活用しつつ、すべての種類のGHGを包括的にあつかう条約か、CO_2などの特定の種類に焦点をしぼった条約かという実践的論点について、前者よりも後者が望ましいと結論づける。

第2章（宇佐美誠）は、GHG排出権の分配を主題とする。この論点をめぐって、過去準拠説は、過去の特定時点での排出量の分布を基準とし、平等排出説は、国を問わない平等な一人当たり排出量を唱え、基底的ニーズ説は、人間の基底的ニーズの充足に必要な排出量を認める。加えて、途上国の発展の権利に訴えかける発展権説も構成できる。他方、従来の分配的正義論では、格差が小さいほど望ましいという平等主義、より不利な個人への裨益ほど重視する優先主義、万人に閾値までを保障する十分主義が、三つ巴の論争を繰り広げてきた。宇佐美は、平等排出説—平等主義、発展権説—優先主義、基底的ニーズ説—十分主義という対応関係に着目する。過去準拠説を退けた後、分配的正義論での知見を活用しつつ、平等排出説・発展権説を批判的に検討した上で、基底的ニーズ説の一形態を擁護している。

第3章（佐野亘）は、一部の行為主体が正義のルールを遵守しない場合に、他の行為主体はいかなる義務を負うかを考察する。アメリカのトランプ政権における気候変動政策の大幅な後退を見るだけでも、この理論的論点が気候変動政策についていかに重要な実践的含意をもつかが分かるだろう。佐野は、非遵守者の肩代わりをする義務の有無に焦点をあて、否定説、肯定説、肯定説への批判を順に紹介し検討してゆく。続いて、義務の遂行能力への着目、責任概念の見直し、連帯責任への訴えかけが、俎上に載せられる。最後に、現在世代の将来世代に対する義務は、特殊な関係にもとづく連帯責任として捉えられ、その観点から肩代わりの義務を正当化できると論じられる。本章は、気候正義のグローバルな次元を主題としつつ、世代間の次元への橋渡しともなっている。

第Ⅱ部は、世代間関係をめぐる二つの論点に目を向ける。第4章（森村進）は、遠い未来世代に配慮する理由について、著者の従前の主張に加えて新たな議論を提示している。旧稿では、未来世代の不幸への人道主義的配慮を最善の理由とし、そこから十分説的義務が導かれると論じたが、現在では正義も理由として認めており、未来世代の福利については客観的リスト説をとるという。まず、気候変動が現に生じており、その主因はGHGの大量排出にあるといったん想定した上で、社会的割引率をゼロとする自説を改めて擁護する。次に、私たちは自分の死後にも人類が存続することに大きな関心・利益をもつというサミュエル・シェフラーの議論と、他の論者たちによるコメントとが、詳細に紹介され検討される。そして、シェフラーの議論から、人類全体の文化の存続が未来世代への配慮の一理由を与え、また緩和策よりも適応策の方が重要になるという含意を導いている。

第5章（井上彰）は、左派リバタリアニズムと運の平等論の世代間正義理論を批判的に精査する。はじめに、GHG排出の分配的正義について、共時的問題と通時的問題を区別し、後者の重要性が指摘される。通時的問題では、将来世代は現在世代に裨益も加害もなしえないという非互恵性問題に対して、ジョン・ロールズ流の契約論は満足のゆく応答をなしえない。また、非互恵性問題に応えうる合理的契約論は、定常状態の想定という限界をもつ。自己所有権論を維持しつつ、その射程から自然資源を除く左派リバタリアニズムは、定常状態を想定しないという利点をもつ半面、将来世代の人数が現在世代のそれと異なるケースでは、理にかなった原理を導けない。他方、自発的選択による不平等を個人の責任に帰し、選択によらない不平等を不正とみなす運の平等論も、定常状態を想定しないが、将来の福利水準が世代を追うごとに向上するケースでは、直観に反する帰結をもたらす。

第6章（宇佐美・阿部久恵）は、過去の排出への歴史的責任ないし気候債務に焦点をあわせる。先進国市民は、過去のGHG排出を理由として、排出債務または適応債務を負うか。この設問に肯定的解答を与える超世代的集合責任論は、過去世代が自らの排出行為の帰結を知りえなかったという無知性の議論によって掘り崩される。また、ある事象の後に受胎が起こり誕生した個人は、当該事象が仮になければ誕生しなかっただろうという非同一性問題にさらされる。世代間責任継承論もこれらの問題を避けられない。他方、受益者負担論は無知性の議論をまぬがれているものの、この論拠による適応債務の主張は非同一性問題におびやかされ、その結果を避けようとする最近の学説は失敗に終わる。それに対して、受益者負担論による排出債務の主張は非同一性問題から救出されうる。

第Ⅲ部は、気候変動が従来の学問分野に対してもつ含意を考える。第7章（後藤玲子）は、気候変動問題への経済的アプローチがもつ限界を浮き彫りにする。このアプローチは、共通に便益を受ける社会内の構成員間での負担分配を定式化できるが、私たちが存在のあり方を左右できる社会外の主体に対する負担の先送りをあつかえない。だが、そもそも外を外としていかに認識しうるか。新古典派経済学における外部性の内部化は、CO_2排出規制の費用と便益を社会内の主体の効用関数に組み込むのに対して、エコロジー経済学は、社会外の環境への非対称的責任を問う。ここで問われる境遇の隔絶と行為による到達を考察するため、後藤は、アキレスと亀のパラドックスを考察する。また、マーサ・ヌスバウムに見られる、新古典派経済学と親和的な連続性の想定を批判的に検討する。結論として、経済学における連続性の想定は、内／外の境界への無感応性をもたらすと指摘している。

第8章（瀧川裕英）は思想史に沈潜し、イマヌエル・カントにそくして、気候変動の悪影響にさらされる動物の道徳的地位を分析する。カントは、動物に対する義務を否定するが、動物に関する義務を肯定し、暴力的・残虐な扱いを禁止する。その背後には、人間–動物間の行為の類似性、動物の扱いと人間性への義務、自己に対する義務としての人間性への義務、人間相互の義務、徳の完全義務という5点がある。続いて、現代のカント主義者であるロールズ、トマス・スキャンロン、クリスティン・コースガードの見解が、丁寧に紹介されてゆく。カントは、理性のある人間のみが道徳的地位をもつと考えたのに対して、現代のカント主義者たちは、動物をそれ自体として考慮に入れ、動物の扱いを正当化することを求める。こうした正当化の要請は、カントが述べていた類似性にもとづく我汝契約によって根拠づけられる。

＊　＊　＊

本書は、科学研究費・基盤研究（B）「地球温暖化問題の正義論—グローバルな正義原理とその法制度化」（課題番号 26285002、2014 年度〜2016 年度）の最終成果物である。研究期間の最終年度に研究協力者として参画してくださった鬼頭秀一氏（東京大学名誉教授、星槎大学副学長・教授）に、厚くお礼を申し上げたい。また、シュー氏のご厚情にも感謝している。同氏の論文の翻訳については、ジョン・ワイリー・アンド・サンズ社より許諾を得た。研究分担者の各氏には、早々に論文原稿を提出されたにもかかわらず、公刊が予定よりも大きく遅れたことについて、お詫びを申さねばならない。今回の出版でも、企画から仕上げにいたるまで、勁草書房の鈴木クニエ氏に一方ならぬお世話になった。

2018 年 11 月

宇佐美 誠

目　次

Ⅱ　世代間の地平

Ⅲ　諸学の内省

I　グローバルな地平

第1章　生計用排出と奢侈的排出

ヘンリー・シュー

1　序論

1992年6月にリオ・デ・ジャネイロで開催された環境と開発に関する国際連合会議（UNCED）において採択された気候変動に関する国際連合枠組条約は、いかなる期日も資金も設定していない。富裕国が排出を削減するべき期日は特定されず、また貧困国が私たちのように環境を汚す開発をしなくてすむよう、富裕国が援助する資金も特定されていないのである。その条約が牙を抜かれているのは、1991年から1992年にかけての政府間交渉委員会での交渉全体を通して、合衆国が歯科医の役割を演じたからである。（サウジ・アラビアとクウェートという特筆するべき例外はあるものの）世界中のほぼすべての国家が牙ある条約の文言に同意したどんなときにも、合衆国は牙を抜くべきだと力説した。

クリントン政権はいまや戦略的な問いに直面している。〔気候変動枠組条約の採択に続く〕次の段階では、すべての温室効果ガス（GHG）を扱う包括的条約をめざすのか、あるいは単一または数種類のガス、たとえば化石燃料による二酸化炭素（CO_2）のみを扱ういっそう狭い議定書をめざすのか。リチャード・スチュアートとジョナサン・ウィーナーが、包括的条約へと直接に移行することへの賛成をとなえてきた一方で、トマス・ドレネンは、より焦点をしぼった着手への賛成をとなえてきた（Stewart and Wiener 1992; Drennen 1993）。包括的条約——少なくとも、スチュアートとウィーナーが提唱する類の包括的条約——へと直線的に向かうように努めるべきでないという点で、ドレネンは本質的に正しいと、私は示すつもりである。初めに、ドレネンによって導入された衡平ないし正義の諸論点がそのなかで設定されるべき枠組みを発展させたい。

2　国際的正義の枠組み

(1) 四つの問い

私たちが正義に関する一つの問いだけに仮に直面しているならば、ことは簡単だろう。しかし、数個の問いが個々に不可避であるだけでなく、互いに絡みあってもいる。加えて、それぞれの問いには、単に代替しあう答えのみならず、相異なった種類の答えも与えられうる。多様な不可避的かつ相互結合的な問いに対するこのように多様な可能的答えにもかかわらず、少なくとも次の10年間ほどで、私たちは争点をかなり明瞭に展開し、何をするべきかについての良識的原理が顕著になるまで収束することを論証できると考えられる。

正義に関して、重要ではあるが、地球環境への脅威にいかに立ち向かうかを決めるためには提起される必要がないような多くの問いは脇におくとしても、行動計画のあらゆる選択に深く関わっている四つの問いが見出されるだろう。①いまだ回避可能な地球温暖化を防止する費用の公正配分とは何か。②事実として回避可能でなくなるだろう地球温暖化の社会的諸帰結に対処する費用の公正配分とは何か。③どのような富の背景的配分であれば、(①や②のような争点に関する) 国際交渉が公正なプロセスとなるようにしうるか。④温室効果ガス排出量の (長期的な、また長期的配分への移行期の) 公正配分とは何か。〔政治的〕指導者たちは、明示的かつ思慮深くこれら四つの問いに対峙し、より賢明にそれらの問いを取り扱おうとするかもしれない。あるいは、それらの問いを暗黙裡で未検討のままにして、どんな立場を採るかでへまをしつつ、つねに生じてくる他の経済的・政治的考慮事由だけを考慮するかもしれない。〔だが、〕指導者たちは、事実として正義にかなうか不正義となるだろう行為をなすのを避けることはできない。正義という主題が去ることはない。正義の諸論点は、ただちに行われねばならない選択に内在しているのだ。幸運にも、実際には絡まりあっているこれら四つの問いを、分析のために分離することができる。

A 防止費用の配分

気候のさらなる温暖化を防ぐ努力にどれほどの総額が費やされようとも、その総額は、当該問題に取り組む人たちの間で、何らかの仕方で分割されなければならない。大半の人々が容易に分かる正義の問いは、地球温暖化が必要以上に悪化しないように保つために何が行われるのであれ、その費用を誰が支払うべきかである。

こう言いたくもなるだろう。「すでに大気中にあるガスの結果として、もう進んでいる以上には、事態を悪化させないでおくべきだ」と。悲劇的なことに、私たちがいかに迅速に行動しようとも、事実として事態をより悪化させ続けることになるだろう。産業革命が起こったため、地球の大気中にはいま、人類史の過去の諸世紀で大気に当然のように含まれていたよりもはるかに多くの量の累積的な CO_2 が含まれている。これは憶測ではない。極地の氷塊の奥深くから過去の何世紀もの空気の泡が採取され、その泡に含まれる CO_2 が直接に測定されてきた。私たちは毎日、CO_2 の全体濃度に対して大量の追加を行い続けているのだ。

いくつかの工業国は、2000年までに CO_2 排出量を1990年の排出水準まで削減すると片務的に宣言してきた。これはよいことに聞こえるだろう。そして、合衆国や他の多くの工業国が行っているように、まったく無制御に排出水準が増加するままにしておくよりは、はるかによいことである。しかしながら、1990年の排出水準は、地球が表面温度を上げることなく CO_2 を循環させる潜在能力をはるかに超えているから、この排出水準は排出量全体への純増を日々行っていたことになる。1990年水準まで排出を削減することは、大気中の〔CO_2 の〕総量に追加している**比率を減少させ**、現在の追加比率よりも下回らせることを意味するが、しかしそれはまた**総量に追加し続ける**ことをも意味する。

排出量を1990年の高い水準で安定させても、気温は安定化しないだろう——気温を上昇させる圧力はかかり続けるだろう。気温を安定させるためには、排出量は、CO_2の累積濃度が安定する水準にまで削減されなければならない。自然のプロセスが地球表面温度を上昇させないようにCO_2を処理できるよりも速いペースで、人間活動のプロセスはCO_2を追加してはならない。無論、自然のプロセスは、私たちがどのような濃度のCO_2を生み出そうとも、それを何らかの仕方で「処理し」なければならないだろう。それらのやり方の一部は、地球表面温度のように、私たちが処理するのに難儀するだろう変数の調整をともなっている。したがって、1990年の排出水準に魅惑的なものなど何もない。その反対に、かの歴史的に先例のない排出水準では、大気中の〔CO_2〕濃度は急速に上昇し続けるだろう——それは、現在の水準ほどには、あるいは旧来のやり方を続けた場合にいま予期されているようないっそう高い将来の水準ほどには拡大していないだろうというだけのことである。

1990年水準よりもはるかに低いレヴェルで排出量を安定させなければならないが、これが意味するのは、排出量を急激に削減しなければならないということである。最も権威ある科学的な共通了解では、大気中のCO_2濃度を安定させるためには、1990年度水準を60%以上も下回るまで排出を削減しなければならない！(Houghton, Jenkins, and Ephraums 1990)　こうした国際的な科学的共通了解が仮に的外れな誇張であり、下方修正が必要だとしても、1990年水準から20%だけ削減するのでも、私たちはなおも大きな難題に直面する。私たちは日々、上昇しつつあるCO_2濃度に新たな排出を追加し続けているわけだが、これは、現在の排出量から、許容可能な総量で濃度を安定させるために必要な排出量まで削減するべき量を増加させていることになる。

歴史的に見てすでに高い排出量を単に安定させる必要があるのではなく、排出量を削減する必要があるということは、工業国にとって悪い知らせの一部にすぎない。他の悪い知らせは、世界人口の大きな割合を占める大半の国々でのCO_2排出量は、当分の間上昇してゆくだろうということである。

これらの貧しく経済的に発展していない国々もまた、いまは貧困な人々に最低限に世間並みの生活水準を提供するのに必要なかぎりで、排出を増やすべきだと確信している。無論、これはすでに、何が公正であるかに関する（きわめて弱い）判断である。すなわち、奢侈のなかで暮らしている人々がみずからの排出を抑制するべきだということにならないために、絶望的貧困のなかで暮らしている人々がみずからの排出を抑制するように要求されるべきではないという判断である。富裕層が犠牲を払うのを避ける助けとなるために、絶望的な貧困層による犠牲を要求するとすれば、それは不公正だろうということが分からないような人は、本章で述べられる他のどんなことも説得的だと思わないだろう。なぜなら、私は全体を通して、初歩的意味での公正についての良識に依拠しているからである。ある人々の富裕を維持するべく、他の人々を生存水準またはそれ以下にとどめておくいかなる戦略も、明白に不公正であると考える。なぜなら、それは非常に不平等――受忍しがたいほどに不平等――だからである。

公正はともかく、地球上の貧困国は、事実として、富裕層が不満足となるのを避けられるために、みずからにとって見劣りしない生活標準を創り出すのに必要な手段を採ることを自発的に控えようとしているわけではない。たとえば、中国政府は――人類の 22% 以上を治めているのだが――、他国の人々が公正に関して何を考えているとしても、大多数の中国人よりもはるかによい暮らしをすでにしているヨーロッパ人や北アメリカ人の便宜のために、経済成長をしないという経済政策を採用しようとはしていない。経済活動はエネルギーを用いるから、経済成長はエネルギー消費の増大を意味する。そして、予見可能な将来においては、エネルギー消費の増大は CO_2 排出量の増大を意味するのである。

理論上は、経済成長は、温室効果ガスをもたらさないエネルギー形態（太陽光、風力、地熱、原子力――分裂および融合――、水力）によってすべて燃料を供給されうる。実際上は、これらのエネルギー形態はいまは経済的に実施可能でない（政府支援の研究開発を含む公的補助金が再構築されたとしても、それらのエネルギー形態のどれも実施可能でないだろうと言っているわけではない）。

とりわけ中国には、石炭——CO_2 排出の点ですべてのうち最大の汚染源である——の膨大な国内埋蔵量がある。そして、この国は短期的には、完全にクリーンな技術への切り替え、天然ガスのようにいっそうクリーンな燃料の輸入、あるいは自国の石炭を燃焼させるいっそうクリーンな技術——これはより富裕な国々には現に存在している——の輸入さえも、経済的に実施可能な仕方で行うすべがない。1992 年 5 月、中国の電力協会のチェン・ワンシャン事務局長は、2000 年までに中国で計画されている発電能力 24 万メガワットのうち、石炭火力発電所は 71〜74.5% を占めるだろうと述べた（BNA 1992）。つまり、中国は他の整備が完了して資金が供給されるまで、使用可能な最良の石炭焚き技術も、総合的に最良のエネルギー技術もほぼ使うことなく、石炭の〔使用〕量を急速に増やして膨大に燃やす可能性が最も高い。現在の資源を手にしつつ、中国がもつ唯一の代替可能な選択肢は、経済成長を抑制するのを選択することだが、中国はこれを、正しいか誤っているかを問わず（私は正しいと思うが）、きっと行おうとはしないだろう。

そうすると、根本的に、回避可能な地球温暖化を防止するという難題は、次の形を採ることになる。すなわち、世界の一部による増加中の排出を収容しつつ、世界全体では排出量を削減するには、どのようにするべきか。唯一の可能な答えは、「世界のある一部が、排出量を増加しつつある他の一部による増加よりも大きな量だけ削減することによってだ」というものである。

総排出量を削減するための闘争は、二つの前線で戦われるはずである。第一に、貧困な国々による排出量の増加を、その国々が権原をもっている経済発展のために必要な最小限にまでとどめなければならない。このことは、富裕な国々の視点からは、みずからの削減量がそれを上回らなければならないような増加量を最小化するのに役立つだろう。それにもかかわらず、第二に、貧困な国々による寄与分が増大しつつある一方で、地球上の総排出量が減少するべきだとすれば、富裕な国々はみずからの排出量をいくらか——貧困な国々による排出量がいかに小さかろうとも——削減しなければならない。貧困な国々が貧困から抜け出して勃興するために必要な排出量の増加が小さいほど、富裕な国々にとって必要な排出量の削減は小さくなる——貧困な国々による環境的に健全な発展は、万人の利益にかなうのだ。

結果的に、二つの補完しあう難題が充足され――また費用を支払われ――なければならず、その地点で、正義についてのいっそう明白でない諸論点がやってくる[1)]。第一に、貧困な国々の経済発展は、――不必要なCO_2の排出量を創り出さないという特定の意味において――可能なかぎり「クリーン」でなければならない。第二に、富裕な国々のCO_2排出量は、貧困な国々の排出量が増加するよりも大きな量で削減されなければならない。この両方について支払いがなされなければならない。すなわち、貧困な国々の経済発展を可能なかぎりクリーンなものとするために、誰かが支払わなければならず、また富裕な国々の排出量を削減するために、誰かが支払わなければならない。これらが、正義の第一の論点、すなわち予防費用の配分という論点の二つの構成要素である。

B 対処費用の配分

地球温暖化の防止のために、この瞬間からどのようなことをなそうとも、すべての温暖化が防止されうることは、とうていありそうにない。これには二つの理由がある。第一に、おおよそ1860年以来、人間活動によって大気中に押し出されてきた追加的な温室効果ガスだけでも、大気科学者の言う「温暖化への傾斜」がすでに存在している。今日ではすでに後の祭りなのだ。私たちが行ったどんなことも、たしかに行ったことである。そして、いまではその帰結が――私たちが理解しているものと、理解していないものの両方とも――、今月でないにせよ数か月後には現れてくる。〔地球〕表面の温度は――私たちの〔排出〕水準で――すでに上昇し始めているかもしれず、あるいはまだ上昇し始めていないかもしれない。しかし、何が温度を上昇させるかについての最良の理論的理解が語るところでは、私たちがすでに行ったことのゆえに温度は遅かれ早かれ上昇するだろうし、また短期的および中期的には不可避的に上昇し続けるだろう。こうした理論がひどい誤りでないかぎり、上昇は遅くでなくむしろ早く始まるだろう。産業革命の開始から1993年までの１世紀および四半世紀、とくに第二次世界大戦以降の半世紀には、新興工業国が急激な旺盛さをもってCO_2を大気中に注入してきた。今日の時点で、濃度はすでに膨れ上がっているのだ。

第二に、今日の〔CO_2〕濃度に対して可能なかぎり追加するのを避けるために、さっそく明日の朝から、世界中のあらゆる人があらゆる尽力を行ったとしてもなお、今後の何年にもわたって、温度の上昇なしに循環するよりもはるかに速くCO_2を追加し続けることになるだろう。総排出量への追加率の点で突然に大幅減少を行うのは、経済的には言うに及ばず物理的にも実現不可能である。さらに、言うまでもなく、世界のあらゆる人に、あらゆる理にかなった尽力を行う用意があるわけではない。合衆国――地球上の大気に対するCO_2の最大排出者――の「リーダーシップ」は、2000年までにCO_2排出量に1990年水準で上限を設けることさえ約束しないだろう。仮にそうするならば、それはたやすく（またそれ自体ではほぼ無益である）のに。その帰結として、CO_2排出量の持続可能な水準への善意ある移行がなされたとしても、それが温暖化問題を改善させはじめる以前の2、3年間で、温暖化問題を悪化させるだろう。将来世代にとっての温暖化へと私たちがいっそう傾いている間に空費される歳月には、将来世代にとって問題とならざるをえない以上に事態が悪化することになるだろう。

そうすると、正義についての第二の論点は、次のようになる。地球温暖化の人間に対する予防されなかった諸帰結に対処するための費用は、どのように配分されるべきか。私が確信するところでは、即座に思いつく二つの考え方は根本的に誤っている。それらの考え方とは、雑駁に言えば、「各人に彼のものを」と「成り行きを見よ」である。第一の考え方は次のとおりである。負の諸帰結をこうむる各国に、「それ自身の」問題に対処するがままにさせよ。なぜなら、これが、世界が一般に物事を進めるやり方だからだというのである。第二は次のとおりである。どのような負の諸帰結が生じるかは、私たちには分からないから、その諸帰結のどれに対処するために誰が支払うべきかをめぐる議論に巻き込まれる前に、まずは待って、諸帰結がどのようなものかを眺めるのが唯一理にかなっている。これら二つの戦略的提案がいかに分別あるように思われようとも、私の確信するところでは、それらはまったく誤っているのであって、対処費用の支払いというこの論点は、そう思われているよりもはるかに喫緊であり、はるかに複雑である。本章のような簡潔な概観は議論を深めるべき場ではないが、これら二つの自明に思われる解決案が少なくとも支持する議論を必要とするのだと私がなぜ考えているかを伝えることにしたい。

各人に彼のものを

この解決策をただちに適用することが依っているのは、問題の本質についての高度に論争の余地ある記述を疑問なしに仮定することである。その適用とは、いましがた述べたように、「負の諸帰結をこうむる各国に、『それ自身の』問題に対処するがままにさせよ」である。ここでの宿命的で議論を呼ぶ仮定は、ある国の領域内で生じるどのような問題であれ、その国自身の問題であって、それは何らかの意味で、その国が自分自身の資源（だけ）をもってその問題に対処できるし、対処するべきだということである。この想定は今度は、二つの疑わしい暗黙の前提に依存している。

第一に、あらゆる国はそれ自身の資源をみずからの支配下においていることが当然だとされている。同じ点を否定形で述べると、どの国自身の相当な割合の資源も、物理的に、法的に、あるいは他のどんな意味でも、その国の支配外におかれてはいないと言うことができる。これが仮定しているのは、実際には、富の国際的分配が完全に正義にかなっており、いかなる調整も国境を越えて求められないということである！　世界がいまあるままで完全に正義にかなっているということは、控えめに言っても、さらなる議論なしに全面的に明白だというわけではない。より貧困な国々の多くがもつ天然資源のおもな部分は、他国から運営されている多国籍企業の支配下にある。第三世界の多くの国家は、みずからの契約による国際的債務の負担によって不活発にされており、次には正統性を欠いた権威主義的政府によって荒廃させられている。それゆえ、富の国際的分配がいまあるようにあるべきだという仮定は、丸吞みするのが難しい。

第二はまったく独立した問いだが、これもまた片がついているとあまりに早計に仮定されている。すなわち、ある国の領土内で結果的に生じた問題に対するいかなる責任も、他国あるいは当該領土外の他の行為者や制度のものとはなりえないということが、当然とされている。この問いと真剣に格闘することは、地球温暖化の因果関係をめぐる、また因果責任と道徳責任の結びつき——それがあるならば——をめぐる、摑みどころのない論点と苦闘しようと努めることを意味する。その論点は、後により十全に論考するつもりである。しかしながら、その論点がいったん提起されると、たとえばバングラディシュの沿岸部の洪水（あるいはたとえばモルディブやバヌアツの全面的水没）が生じるならば、それは実際に全面的に犠牲者たちの責任であって、少なくとも部分的には、海水面を拡張させ内陸に進出させた温暖化へと導いた温室効果ガスを排出し、あるいは温室効果ガスから利益を得た人々の責任ではないということは、たしかに決着ずみの結論ではなくなる。「汚染者負担」という広く受け容れられた原理の二、三通りの解釈でも、人間に危害をもたらすような自然での変化を引き起こした人たちは、被害者たちを無傷にする費用を負うことが期待されているだろう。繰り返すが、私はここで問題を解決しようとしているのではなく、さまざまな議論が耳を傾けられ考察されるまでは、問題は実際のところ未解決だということをただ論証しようとしているのである。

成り行きを見よ

他方の戦術はただちに自明であり、際立って分別があると想定されている。その戦術では、どの問題が現実に起こるかが分かるまでは、潜在的問題への責任の配分をめぐる面倒な議論の外部にとどまるべきだ——そうすれば、議論を現実の問題に限定し、想像上の問題を回避することができる。不幸なことに、これもまた、そう聞こえるほどに良識的ではない。なぜ良識的ではないかが分かるためには、後ずさりして全体像を見なければならない。

地球温暖化に包括的に対処するいかなる先導策の潜在的費用も、二つの分離した勘定書きへと分割されうるが、それは先導策の二つの可能的要素に対応している。第一の要素——本章の前節で紹介したものだが——とは、温暖化を可能なかぎり防止しようと試みることで、その費用は防止の勘定書きに分類されると考えられうる。第二の要素――本節で短く素描したものだが――とは、どんな理由によるのであれ防止されないまま進む温暖化による被害に対して矯正を試みること、あるいは調整――私が一般に「対処」と呼んできたもの――を試みることである。

費用が防止費用と対処費用に分離されうるならば、その２種類の費用は分離されて――そして恐らく互いに無関係の原理にしたがってさえ――配分されうるだろう。実際のところ、どんな対処問題に関しても成り行きを見るようにという助言は、まさにそのような独立した扱いが受け入れられるものだと仮定している。実際、その助言が仮定しているのは、対処費用に関するたぶん無関係な諸原理について合意が成立することが必要となる前に、防止費用を配分することができる――あるいは、いったん知られるならばそれにしたがって防止費用が配分されるだろう諸原理について合意が成立しうる――のであり、そして防止の努力を推進することができるということである。こうした二つの基本的に独立した費用という構図が誤っている点は、一方の組の諸費用についての理にかなうか公正な配分とは何かが、他方の組の諸費用をどのように配分するかに左右されるだろう――現に左右されると後に論じるつもりだが――ということである。二つの配分のそれぞれの原理は、無関係でないだけではなく補完的であるにちがいない。

とくに、防止費用の配分は、合意された配分を甘受する人たちが後に対処する能力に直接的に影響を与えるだろう。極端な例を挙げると、ある国が防止のために行うように求められてきたことによって、その国は「それ自身の」防止できなかった諸問題にそれ自身で対処する能力がはるかにより小さいままになるだろうと予期される。それは、その国が仮に防止努力に貢献するのを拒否し――あるいは、提案された特定の条件下で貢献するのを拒否し――、その代り、防止への貢献に〔費やせた〕どんなものであれ、その全部または一部を、その国自身の対処のためのその国自身の準備に投資した場合と比べてである。たとえば、中国が、厳しく制約された資源を、新規の石炭式火力発電所のための〔煤煙〕浄化技術や他の防止策に費やすのではなく、単純に、たとえば防潮堤・水路・運河・精巧な水門からなる念入りに仕上げられた巨大なオランダ式システム——中国における一種の海の万里の長城——に向けた作業をただちに開始した場合には、上海のより多くの地域が、地球温暖化による現実の最終的な海面上昇から結局は救われるだろうと想定しよう。厳密に中国側の観点からは、中国による防止努力への貢献の拒否によって、中国人が現に防止に協力した場合（そうすると、十分に迅速に、あるいは十分に高く海の長城を建設する時間も資源もなくなった場合）に結果として生じただろう上海の海面水準よりも、いっそう高い海面水準が結果として生じたとしても、海の万里の長城の方が好ましいかもしれない。

多国間の防止努力に貢献したかもしれない同じ資源が、それに代わって一国内の対処努力に投資されうるというこの事実は、二つの異なる問い——一つはおもに倫理的であり、一つはおもに倫理的でない（もっとも、これら二つの問いは無関係ではないのだが）——を提起する。第一に、対処費用が特定の他の方法（それは協調的であるかもしれず、そうでないかもしれない）で配分されるべきであるならば、防止費用のある特定の配分を所与として、防止についての多国間の先導策をともなう協力を期待することは公正だろうか。第二に、他の諸条件を所与として——あるいは、より重要な関連性ある場合には、他の諸条件が不確定なままであることを所与として——、ある国が一組の諸条件に同意することは理にかなっているだろうか。一方の組の諸条件の下で——他方の組は後に早い者勝ちとなるが——、あなたが自分の役目をはたすことによって、第一の組でのあなたの協力にもかかわらず、あるいは協力のゆえに、あなたは第二の組が自分に不利となる可能性にさらされたままとなる。防止に関しては、拘束力ある合意がいま達成されるべきだが、対処に関しては、成り行きを見るべきだと提案することは、不公正であり、理にかなっていない。それは、防止費用のどんな配分法の公正性・適理性も、部分的には対処費用の配分法に左右されるからである。

C　資源の背景的配分と公正な交渉

防止の諸条件にすでに服してきた者にとって、対処の諸条件に関して交渉を行う際の潜在的な脆弱性に関わる最後の論点は、一般的問題の特定の一例である。その一般的問題は、明示的議論を要する正義についての第三の論点をなすとしても、より明白な諸問題の表面の下に隠れたままであるほどに根本的である。二当事者またはそれ以上の当事者——さまざまな国のような——の間における交渉の結果が、それとは異なる結果を好んだだろう当事者に対して拘束力をもちうるのは、交渉状況が公正の最小限の標準を満たす場合だけである。不公正なプロセスからは、〔当該の結果を甘受しなければ〕事実として自分がよりよくなる場合にも甘受するように拘束されていると誰もが感じるべき結果は生まれてこない。当事者の一部が、みずからの資源の多くを防止に投資してきたというまさにその理由により、あまりにも弱い地位にあるとすれば、対処に関する交渉プロセスは不公正だろう。それが不公正であるのは、結果的に弱くなった当事者が投資していた資源からすでに便益を得てきた当事者が、対処が扱われるだろう条件におけるさらなる有利性のために、きわめて弱い人々を搾取しているというまさにその意味においてである。

もちろん一般的には、数人の当事者（個人、集団、機関）が互いに接触し、また衝突しあう選好をもっている場合に、互いにうまく話し合って、何らかの相互に受容可能な制度配置を案出することも明らかにあるだろう。その当事者たちは、限定された行動計画に達しうる前に、完全な正義理論を保持し適用する必要はない。当事者たちが多かれ少なかれ平等な位置にある場合には、資源または犠牲の分割（もしくは、資源または犠牲を配分するプロセス）について、相異なった当事者たちが同意できるような条件を探究するべき方法は、現実の直接交渉である。他の事由が等しいとすると、当事者たちが互いに行うどんな取引の条件も、自分たちの間で単に案出できるならば、それが最善だろう。

だが、法律家たちにさえ、非良心的同意という概念がある。非法律家の一般人は、苦労せずに次のことが分かるだろう。ある当事者が、過度な弱さにより、他の当事者の不当な影響力に服していた場合には、自発的に参加した合意にも異議の余地ある条件がありうるということである。当事者は、当然のことながら、複数の意味で、受け入れがたいほどに他の当事者に対して脆弱でありうるが、しかし多分、最も明白な事例は当初の立場における極端な不平等である。これが意味するのは、道徳的に受容可能な交渉は、道徳的に受容不可能でない――一つには、ある当事者が他の当事者の言いなりになるほど法外に不平等ではない――当初の保有状況に依存している。

このことが次に含意するのは、受容可能な交渉が、公正な取り分の標準についての知識を前提とするという点だが、その標準は一種の正義の標準である。当事者が現在もっている現実の取り分が公正かどうかを知らなければ、彼らが達するかもしれない現実の同意が、道徳的に非良心的かどうかを知ることはない。彼ら全員が同意したという単純な事実だけでは決して十分でない。結果が拘束力をもつべきだという判断は、その結果を生み出したプロセスが最小限には公正だったという判断を前提としている。これは、当事者が実践的計画に同意できる前に「完璧な正義理論」をもたなければならないことを意味しないが、次のことを現に意味する。彼らは、最小限に公正な保有物の取り分についての重要な関連性ある規準を知る必要がある。しかも、自分たちが現実に案出するどんな計画も、他の計画をより好んでいたかもしれない人たちを何らかの仕方で制約するべきだと、自信をもって考えることができる以前に、これを知る必要があるのだ。

温暖化を防止するために諸国家が協力するだろう条件をめぐる国家間交渉が、その交渉が気に入らない諸国家を道徳的に拘束しうる結果を生み出すべきであるならば、交渉時点での「当初の」保有状況は公正でなければならない。同様に、防止できなかった温暖化による損失対処するために諸国家が協力するだろう条件をめぐる交渉の時点での「当初の」保有状況は、繰り返すが、当該時点での最小限に公正な取り分に依存している。対処のための制度配置をめぐる交渉の時点での保有状況は、防止の協力の条件によって影響されてきただろう。結果的に、防止のための諸条件に対して要求される一つは、その諸条件が、対処の諸条件が取り決められるべき時点では不公正となるだろう取り分を結果としてもたらすべきでないということである。対処の不公正な諸条件を防止する最良の方策は、〔防止と対処という〕両方の組の諸条件を同時に取り決め、一緒にして補完的かつ公正となるように企画することであるように思われるだろう。これは、正義の前三者の論点すべてを一度に扱うことになるだろう。しかしながら、それによって公正を判断する基準をまずは知る必要がある。これが正義の第三の論点である。

D 排出の配分――移行と目標

正義の第三の種類の基準は、一般的だが最小限である。すなわち、その基準が、交渉の利点・難点の分配に寄与する資源と富のすべてに関わるという点で、一般的である。また、全面的に公正な分配ではなく、交渉プロセスを掘り崩すほどには不公正でない分配を特定するという点で、最小限である。第四の種類の基準は、それほど一般的でも最小限でもない。この基準が一般的からほど遠いのは、それの主題がすべての富と資源の国際分配ではなく、とくに温室効果ガスのみの国際分配だからである。また、その基準は、最小限基準を同定するのでなくむしろ究極的目標を同定する。いかなる排出量の分配で終わるように努めてゆくべきか。CO_2 などの温室効果ガスの限りあるグローバルな排出量のなかの取り分を、国家間または個人間でどのように配分するべきか。いったん回避可能な温暖化の防止努力が完結し、また防止できなかった危害への対処の役目もはたされるならば、地球が正味量の排出を循環させる稀少な受容力をどのように分割するべきか。

無論、国家も企業もこれまでは、放出するのが便宜にかなうどんな量の温室効果ガスも排出できるという無制限かつ不動の権原をもっているかのようにふるまってきた。あらゆる人が、単純に思いのまま温室効果ガスを大気中に放出している。地球温暖化の危険性のゆえに、正味の総排出量に最高限度――おそらくは漸次的に下降する最高限度――を設定することが要求される。この総量は、世界中の国々や諸個人の間で何とかして分かちもたれなければならない。どのようなプロセスと基準によって、その配分は行われるべきだろうか。

最小限かつ一般的な第三の種類の基準と、（温室効果ガスに）特殊的な最終目標を特定するという第四の難題とは対照的であることに先ほど留意しておいた。私は、この第四の論点と前二者〔第一・第二の論点〕との対照もまた示すべきだろう。前二者の論点はともに費用の配分に関わっている。すなわち、(温暖化の防止および防止できない温暖化への対処のための) さまざまな事業の引き受けの費用を、誰が支払うかである。第四の論点は排出それ自体の配分に関わっている。すなわち、地球温暖化の防止と両立可能な CO_2 の総排出量のうち、言ってみれば中国やインドはどのような割合を使用してよいのか、またより根本的には、それをどのような基準で決定するのかである。粗雑な言い方をすれば、論点1と論点2はお金に関わっているが、論点4は CO_2 に関わっている。誰が払うかと、誰が排出するかに対しては、分離された解答が必要である。なぜなら、どの理由によるのであれ、ある国は、他の国がより多く排出できるように支払うべきであるかもしれないからだ。排出に関する正解は、費用に関する正解の外側に単純に落ち着くわけではないだろうし、その逆もまた同様である[2)]。

目標の輪郭を描くように努めよう。その目標とは、稀少で価値あるもの、すなわち温室効果ガスの吸収力の正義にかなった配分パターンである。しかしながら、配分パターンが究極的基準を満たさない移行期間は、当然に必要となるだろう。現状から急激に切り替えることには、政治的または経済的な障害があるからだ。たとえば、現在の CO_2 排出量は、可能なかぎり最大限に近いほど不平等である。人口の少ない少数の富裕国が、膨大な容量の排出を生み出している一方で、人類の多数派——彼らは人口の多い貧困国に住んでいる——は、すべて合わせても裕福な少数派よりも排出が少ない。排出量の配分に関する正義の基準の内容が、厳密に言ってどのようなものであろうとも、排出量は現在よりもいくらか平等に配分されるべきだと仮定することは、理にかなっていると思われる。とくに、仮に総排出量が増加し続けることができず、削減されなければならないのでさえあるならば、貧困な多数派の一人当たり排出量が増加してもよいように、少数の富裕者の一人当たり排出量は減少しなければならなくなるだろう。

それにもかかわらず、正義を意に介さない富裕な少数派は、自分たちの快適さと便利さが大きく侵害されるとみなすどんな変化に対しても、ほぼ確実に拒否権を発動するだろうし、その拒否権を強行できる権力と富を当然もっている。その時点で、正義への忠義を誓っている人々にとっての選択は、ほぼ確実に抵抗不可能な拒否権に抵抗するべく無駄に努力するか、理想からほど遠いが現状の意義ある改善に一時的に不本意ながら同意するかである。要するに、問題は、いずれかの妥協が倫理的に受忍可能ならば、いずれの妥協がそうなのかである。責任をもってこの問いに答えるためには、究極目標とともに移行指針が必要となる。しかしながら、究極目標の代わりの移行指針ではなく、究極目標に加えて移行指針が必要となる。というのは、一定の目標の方向への移行として提示されるものについて判断を行う際に、一つの中心的考慮事由は、目標に向かって進むべき距離だからである。この評価を行うためには、目標が特定されていなければならない[3]。

(2) 二つのさらなる問い

正義の原理は、ある配分が誰に行くべきか、あるいはその配分は誰から行くべきか、そして最も有用な場合にはその両者を特定するだろう。〈誰から〉と〈誰に〉という問いの区別は、あまりにも明白であって、論評するに値しないと思われるだろう。例外的に、正義の「諸理論」は実際にはこの点で「半面に関する諸理論」にすぎないという傾向があることは、論評するに値するのだが。すなわち、正義の諸理論は、「誰に」という問いにほぼすべての注意を向けてしまい、推奨される移転のための資源を確実に特定する上での難題に取り組みそこねる傾向がある。このことは、実用主義的な人々がそのような「諸理論」に対してもちがちな正当な不満である。いわく、「あなたは、誰それがより多く受けとるならば、それはすばらしいことだろうという点を示してはくれたが、しかしそうした目的のために誰がより少なく受け取り続けるべきかという点を語ってくれていない。その残りの半分について聞くまでは、あなたの提案に評価を下すことはできない」。

「誰から」の問いへの答えは、あいにく「誰に」へのどの答えからも自動的に導出されはしない。移転の受領者を特定しても、その移転を行う責任の配分法はしばしばきわめて多様なままである。たとえば、一定の移転の配分をつかさどる原理が、「当該のプロセスからの汚染によって深刻な損失を受けてきた人たちに」であるならば、移転の潜在的発生源には次の者が含まれることだろう。そのプロセスを稼働させていた人たち、そのプロセスを公認していた工場の所有者たち、その工場の保険会社、そのプロセスを規制するべきだと想定されていた公的機関、社会一般、そのプロセスからの直接の受益者たちであって他の誰でもない人たちなどである。かなりしばしば見られるように、正義に関する諸提案は、正邪を判断するにはあまりに不完全だというほどに大きく間違っていることはない。

ここまででは、地球温暖化という難題の相異なった側面から生じる、正義に関する前四者の論点を、実際には〈誰から〉の問いとして表現してきた。これこそがまさに、正義の論議の無視されてきた側面だからである。いまや私たちが気づいているのは、それに加えて「誰に」の問いもあるということにすぎない。「誰から」の問いよりも「誰に」の問いに明白な答えがありそうだが、それでもこれをつねに確認する必要がある。たとえば、対処費用に関して論じている場合には、当該の移転が誰から来ようとも、対処が最も困難な人たちに行くべきだということは、明白だと思われるかもしれない。しかしながら、当該移転の源泉が特定された結果、「対処されている問題を引き起こした人たち」となるならば、事実としてX国で当該問題を現に引き起こしたA国は、X国を援助することを期待されるかもしれず、またたとえY国は対処がはるかにより困難だとしても、（その問題がA国の責任ではないので）Y国を援助することを期待されない。多くのことはあいにく明白ではないのだが、良識的な公正の諸原理を所与とすれば、かなりのことは実際には単純なのだと示すように努めるつもりである。

A・X・Yの抽象的な例では例示されていない肝要な点が一つある。「誰から」の問いへの答えと、「誰に」の問いへの答えとは、相互に結びついているのだ。一方の問いまたは他方の問いへの答えがいったん出ると、残りの問いに対する一定の解答は不適切となり、そしてときには、その残りの問いに対する別の回答が、本当に意味ある唯一の解答となる。これらの論理的な結びつきは、しばしばきわめて助けになる。

(3) 2種類の答え

先に「四つの問い」の箇所では、国際社会が地球温暖化にどのように応答するべきかに関して十分に懸命に検討するならば、正義に関する問いは四つの論点で不可避的に立ち現れることを見た。

1. 防止費用の配分
2. 対処費用の配分
3. 資源の背景的配分と公正な交渉
4. 排出量の配分、すなわち移行と目標

また、「二つのさらなる問い」の箇所では、必要となるどんな移転の源泉ともなるべき責任の担い手の同定に関する、これらのいっそう困難な問いの他に、原理上は――またしばしば実際上も――あらゆる事例でのどんな移転の適切な受け手に関してもさらなる問いがあるということを、たったいま見て取った。

この一連の問いに対する特定の答えの諸提案を選り分けようと試みる前に、次の点に気づくことが助けになると思う。それは、責任帰属のための個々の正義原理が、二つの一般的な種類――それらを過失基底的原理および無過失原理と呼ぶつもりだが――の一方または他方に属するという点である。よく知られた過失基底的原理は「汚染者負担」であり、広く受け容れられている無過失原理は「支払能力にしたがった支払い」である。支払能力にしたがった支払いの原理が無過失的であるというのは、申し立てられた過失、推定された過去の不行跡一般がすべて、支払責任の割当てにまったく無関係だという意味においてである。最大のものをもつ人たちは最高比率で支払うべきだが、しかしこれは、みずからが所有するものを獲得する際に不正を行ったという理由によるのではない――事実として不正を行った場合にさえ、その理由によるのではない。累進的な貢献比率――それは、支払能力にしたがった支払いという原理から出てくる種類の比率だが――の割当ての基礎は、富がどのように獲得されたかではなく、単にいくらが保有されているかなのである。

それとは対照的に、「汚染者負担」原理は、厳密に過失または因果責任にもとづいている。「私がなぜ浄化の支払いをするべきなのか」、「なぜなら、浄化するべき問題を創り出したのは、あなたであるからだ」。ここで掛かり合いのある過失の種類は、道徳的なものである必要がない――当該の過失は、支払いを必要性の発生源となった者に支払いの負担を割り当てるのに用いられる便利なバロメーターないし兆候として解されるにすぎず、道徳的有罪性として解される必要はないのである。すなわち、この原理に依拠するためには、汚染者が邪悪であると、あるいは何らかのより穏やかな意味で反倫理的だとさえも、（確信することもできるのだが）確信する必要はない。とりわけ、「汚染者負担」に依拠する存立根拠は、誘因に関する全面的に非道徳的な議論でありうる。汚染者が支払うべきであるのは、こうした浄化の費用負担の帰属が汚染しないという最強の誘因を創出するからだというのである。そうであっても、これは私が「過失基底的」と言う意味で過失基底的な原理だろう。この過失基底的原理が意味しているのは単に、誰が支払うべきかの探査が、問題の発生源への事実的探査だということである。問題の解決に貢献するという道徳責任は、問題を創出したという因果責任に比例している。この比例性の追求それ自体は、今度は道徳的基礎（有責な当事者は支払うに値する）または非道徳的基礎（最善の誘因構造は汚染者に支払わせるものだ）をもちうる。「過失基底的」というラベルには欠点がある。そのラベルにあるかどうかが定かでない道徳的基礎が、誰が支払うべきかに関する道徳的含意――それは確定的にあるのだが――とならんであるに違いないかのように聞こえるだろうという欠点である。

代替的ラベル――それは、こうした「過失基底的」のありうる道徳主義的な誤解を避けるものだが――があるならば、それは、この範疇の諸原理を「過失基底的」でなく、「因果的」または「歴史的」と呼ぶことだっただろう。なぜなら、そうした原理は支払責任の帰属を、件の問題がどのように起こったかについての精確な理解に左右されるものとするからである。ところが、これにはいっそう大きな欠点がある。私が「無過失」原理と呼ぶものの自然なラベルとして、「非因果的」ないし「非歴史的」諸原理を提案してしまうという欠点である。そうしたラベルははるかにより誤解を招くだろう。なぜなら、そのラベルは、無過失原理が現にそうである以上にいっそう天空にあるようなもので、事実に無頓着であるように聞こえさせるからである。「支払能力にしたがった支払い」は、問題の発生源の探査を求めていないけれども、しかし非歴史的でも非因果的でもない。歴史的分析または政治経済のダイナミクスに関する一見解は、支払能力原理の存立理由の一部となるかもしれない。だから、その原理が、「過失基底的」諸原理が敵役——すなわち、問題をもたらした人——を同定することに現に左右されるという必ずしも道徳主義的でない意味において、敵役の調査に左右されないという理由だけで、この諸原理に「非歴史的」ないし「非因果的」というラベルをはるとすれば、深刻な誤解を招くだろう。そこで、その諸原理によれば、「誰から」への答えが「この問題は誰によって引き起こされたか」という問いの探究に左右されるような諸原理については、「過失基底的」という語に固執するつもりである。また、その諸原理によれば、「誰から」の問いは、問題の産出についての分析以外の根拠をもって答えうるような諸原理については、「無過失」という語に固執するつもりである。

「2種類のさらなる問い」の箇所で引用した第二の問い——「誰に対して移転が行われるべきか」——に答えるための諸原理もまた、過失基底的と無過失という一般的範疇に区分される。「被害者に十全な補償を」という原理は、究極的に過失基底的である。それは、求められている移転の正当な受給者が、当該移転は誰から来るべきかが決定されるだろう際の基礎となる過失ある行動から被害をこうむった特定の人たちとして同定されるという意味においてである。この原理では、移転は、損害ないし危害を引き起こした人たちから来るべきであり、そして損害ないし危害をこうむった人たちへと行くべきなのである。実際のところ、過失基底的原理の大きな利点の一つはまさに、両方の問題——移転は否定的影響を受けた人たちへと行くという問題と、彼らに否定的影響を与えた人たちから来るという問題——に対する相補的な答えが、因果構造によって提供されることにある。この特定の原理である

「被害者に十全な補償を」は、完全に日常的な見解――そしてとくに明白な見解――を具現している。なぜなら、それは、いくら移転するべきかという第三の問いに対して、移転は、危害を課される前の状況にまで被害者を回復させるのに少なくとも十分となるよう行われるべきだと示すことによって部分的に答えてもいるからである。被害者（誰に）は、彼らを十全よりも少ない状態にしてきた人たち（誰から）によって、「十全に保障される」（いくら――何らかの意味で最小限に）べきなのである。この原理は、「いくら」という問いに完全には答えていない。なぜなら、その原理は、被害者が、事前の状況まで単に回復するのに十分な金額以上のものに対して権原をもっているという選択肢に対して開かれている、つまり追加的賠償の可能性に対して開かれているからである。

配分が誰に行くべきかの問いに答える一種の無過失原理の通常の一例は、「十分な最小限を保持する」である。当然ながら、これをこの種の原理のうち有用な程度にまで具体的な一亜種とするためには、最小限だと主張されるものの水準を特定して擁護しなければならない。ところが、その原理にはすべての無過失原理の大きな利点がある。それは、誰が事実として損害をこうむったか、誰が損害を与えたか、いくら損害をこうむったか、彼らの問題にはどこまで他の発生源があるかなどについて、探究を行う必要がないという意味においてである。移転は、損害を被った人たちが最小限に達するまでは、最小限を下回っている人たちへと行く。すると、他の何かが起こる（たとえば、その人たちが就職のために再教育される）。そのような無過失原理を用いるためには――最小限の水準をもともと特定するのを正当化するためにも、また事実として最小限の水準を下回っている人たちを選ぶためにも――、わずかな情報がなお必要である。だが、この情報は、過失基底的原理を適用するのに必要な情報とは異なったタイプである。因果的相互行為、正負のフィードバック、かつ／あるいは潜在的には膨大な数に上る行為者と分析の多数の水準の間における歴史的結びつきの長い連鎖からなる恐らく高度に複雑なシステムを理解する必要はないのである。無過失原理を適用するために必要とされる情報は、現在の機能に関する同時的情報となりがちである。その同時的情報は、過失基底的原理の使用に必要とされる説得力ある過失の分析よりも、入手するのがしばしば容易である。

移転が誰に行くかを特定するための無過失原理にある明らかな難点は、過失基底的諸原理の因果構造から流れ出てくるような、移転が誰から来るべきかについての当然に補完的な同定を欠いているということにある。とりわけ、無過失原理は、最小限を下回っている人たちをそのようにした誰であろうと、その人から移転が来るべきだということを含意していない。事実としては、無過失原理は、「最小限を下回っている人たちをそこにとどまらせたのは誰か」という意味ある問いに対して明白な答えがあるとも、あるいはさらに言えばそうした有意味な問いがあるとさえ仮定していない。過失基底的原理によって含意されている便宜的で相補的な答えがないことからの帰結は、無過失原理の下では、「誰に」の問いへの諸解答と、「誰から」の問いへの諸解答は、別々に支持論拠を示され論証されなければならず、過失に関するそうした議論のように単一の議論によって支持論拠を示され論証されるわけでないという点にある。たとえば、「誰に」の問いへの答えが「最小限を下回っている人たち」である場合に、「誰から」の問いへの答えは「最大の支払能力のある人たち」であるかもしれない。しかしながら、要点は、一方の問いに答えるために支払能力を用いることを支持する論拠と、他方の問いに答えるために最小限の維持を用いることを支持する論拠とは、二つの別々の論拠でなければならないということである。

3　包括性 対 正義

以上の枠組みを念頭におきつつ、スチュアートとウィーナーの勧告と、他方のドレネンによる勧告との間の選択に戻ることができる。スチュアートとウィーナーは、経済学をあまりに真剣に捉えすぎ、衡平を真剣に捉えない法律家がしばしば犯す類の誤りをしている。包括的条約へと直接的に進むのに賛同する彼らの主要な議論の一つは、包括的条約の下では、私が均質化費用効果計算と呼ぶものにたずさわれるだろうということである（Stewart and

Wiener 1992: 93–95)。包括的条約の一つの主要な利点は、各国がGHGのすべての使用を見て、最小費用の選択肢を選びとることができる点だろうと想定されている。すなわち、その削減であれば経済的価値の減少が最小となるような特定のガスの特定の発生源を除去することによって、GHG排出の削減をはじめられるだろうというわけである。こうした費用効果へのアプローチがもつ決定的に重要な特徴——私がそのアプローチを「均質化」と名づけるにいたった特徴——は、すべてのガスの発生源（あらゆるガスのあらゆる発生源）が同じ器に投げ込まれている点にある。ガスの発生源の間には、何の区別もなされず、本質的発生源と非本質的発生源の区別さえもなされない。

さて、徹底的に最小費用を第一とするアプローチを奉じないのは奇妙だとはじめは思われるだろう。しかし、私は、このアプローチに対する躊躇が理にかなわないものではないと論じるだけでなく、さらに衡平は当該アプローチの修正を求めるのだと論じるようにも努めたい。第一に、経済学に対する上述の言葉足らずなそしりについて説明し、「均質化」への懸念について少々詳しく述べることにしたい。標準的な経済分析にとっては、あらゆるものは選好である。美食家が少々の調味料を望むのも、飢えた子どもがわずかな水を望むのも、美術収集家がもう一枚の絵画を望むのも、ホームレスがプライバシーと暖を望むのも、すべて選好である。定量的には、それらの望みは相異なっている。その一部は、他よりも大きな「支払意思額」によって支えられているからである。しかし、定性的には、選好は選好である。数少ない目的のためには、私たちは恐らく、選好を定量的に、すなわち支払意思額という語で扱うことを選ぶかもしれない。しかしながら、人類史の進化の間に築き上げられたすべての質的区別を放棄するのを選ぶことは、洗練と繊細さという豊かな宝を私たちから奪うということである。一部のいわゆる選好は死活的だが、一部はとるに足らない。一部はニーズだが、一部は単なる欲求である（ニーズではない）。ある「選好」の充足は、生存にとって、あるいは人間の人並みの生活にとって本質的に重要であるが、他の選好の充足は、生存にとっても人並みの生活にとっても非本質的である。

ニーズと欲求の区別や緊急と些末の区別のような区別は、無論、高度に論争的であり厄介である。そのことが、私たちが、いわゆる選好である万物——それは強度（支払意思額）においてのみ相異なっている——によって提供される単純さにあこがれる原因である。しかしながら、これらの区別を無視することは、私たちが理解している最も根本的な差異を放棄することである。これは、多くの主流派経済学に対する一般的批判である。スチュアートとウィーナーに対する私の特殊な不満は、このいっそう強く、いっそう一般的な不満に依存していない——一般的テーゼに言及しているのは、私の特殊的テーゼが、明晰さを廃棄するような均質化と並行的な形式に関わっているからである。

すべての温室効果ガスのすべての発生源で費用効果を計算するのはよいことだと単純に提案することは、次のように提案することである。ある発生源は死活的ニーズの充足にとって本質的であり、緊急のものでさえあるが、他の発生源は非本質的であり、些末でさえあるという事実を無視するように提案することである。除去しようとすれば最小費用のみがかかるだろう発生源の一部が、本質的であり、その充足が喫緊であるニーズを反映しているが、除去しようとすれば最大の費用がかかるだろう発生源の一部が、非本質的であり、些末な気まぐれを反映しているならば——それは事実そのとおりなのだが——、どうだろうか。手短に具体的な話をすれば、水田を放棄する経済的費用が、高級車の燃費を削減する経済的費用よりも小さいならば、どうだろうか。ある人々は子どもを養うために水田へのニーズをもつが、誰も高級車へのニーズをもたないということは、いかなる差異ももたらさないのか。

比較可能な重要性のある事柄を取り扱っているかぎり、最小費用を第一とする原理にしたがわないとすれば、それは馬鹿げたことだろう。〔当該原理に従うのでなく〕他の仕方で行動するのだとすれば、それは、より高価でない手段によって達成されただろう目標に対して、より高価な手段を選ぶことになるだろう。それは、根本的に非合理的である。しかしながら、何千ヘクタールもの水田を除去することは、それと同量のGHG排出削減をもたらすのに十分な企業単位平均燃費（CAFE）の基準を引き締めることよりも、経済的術語では費用がより小さいかもしれない一方で、食糧生産の縮小と非効率的燃焼の削減とが人間にもたらす帰結は、生活の質への効果という点で比較可能からはほど遠い。実際のところ、食料の場合には、まさに生命が可能となるかどうかを左右する効果がある。これらは、まさに同一の目的に対する二つの相異なった手段なのではない。その二つの相異なった手段が仕える諸目的は、それらの手段によって除去される GHG 排出量の点では、まさに同一でありうるだろう。しかし、その諸目的は、他の面では、死活的な食料供給を縮小することと、奢侈品をほんのわずか費用のかかるものにすることほどに相異なっている。結果的に、あたかもその二つの手段が、排出量の同量の削減を生み出すのに各々いくらかかるかという点でのみ相異なっているかのように、均質化費用効果計算を適用することは、深刻なほどに現実をゆがめている。同量の排出削減を行うための費用という点にだけ差異があったかのようにするのは、深刻に現実を歪めている。この種の包括性は、根本的である区別――最も言及するべきものとしては、必要物と奢侈品の区別――を不明瞭にするのである。

衡平の中心点は、他の人々が奢侈品を保持できるようにするべく、ある人々に必要物を断念するよう依頼することは、衡平でないという点にある。他の（富裕な）人々が、メタンや亜酸化窒素の排出量を削減するために、飼育頭数を減らした飼養場から提供されるステーキに対して、より多くを支払わなくてもよいようにするべく、ある（貧困な）人々が、メタン排出量を削減するために、牛の飼料により多くを費やすことが求められるとすれば、それは、常軌を逸したほどに不公正だろう。たとえ、豊かな世界〔の国々〕のために贅沢な牛を肥育する、飼育頭数がより少ない飼養場が、貧困層の生計用家畜を維持するためのより良質な飼料よりもかなり費用がかかるとしても、そうなのである。

無論、排出量を削減するための**すべての**漸増する費用が、どの地で負担されるのであれ、支払能力にしたがって配分されるべきであるならば、話は違ってくる。牛肉を食べる人たちが、貧困層の生計用家畜のためのより良質な飼料に対して、開発支援のような何か他の目的のためにすでに負担している資金でなく**追加的な**資金を支払うことになれば、排出量削減のための配置についての衡平が続くかぎりでは、最小費用手段から出発することは不公正でないかもしれない。最大の支払能力の人たちによって費用が支払われる最小費用手段は、最小の支払能力の人たちによって費用が支払われる最小費用手段と同一ではまったくない。先に提示した枠組みで言えば、「誰から」の問いに対する無過失的な答え（支払能力）を、「誰に」の問いに対する無過失的な答え（充分な最小限の維持）と結びつけていることになる。

これら二つの答えが十分に正当化されたとすれば――当然のことながら、これらにはさらなる議論が必要であるが――、二つの道のうち一方または他方をたどるべきである[4)]。均質化費用効果計算は、費用が支払能力にしたがって支払われるはずだという確固たる言質と、必要となる移転を実行するメカニズムの現実の確立とがともなうとすれば、中和されうる。さもなければ、費用は、貧困層にとっての必要物に影響する費用と、富裕層の奢侈品に影響するにすぎない費用とに――恐らく１回よりも多く、しかしたしかに少なくとも１回は――分割されるべきである。

トマス・ドレネンは、このような分割の一つのタイプを提案してきたのだが、その分割の基底にあるのは２種類の考慮事由である。すなわち、中心的には衡平という考慮事由であるが、農業上のメタン排出量や他の生物によるメタン排出量を測定する際や、何らかの指令された削減量を検証する際の困難もある。（検証に関する誇張された懸念をもって核兵器の管理を何年も延期してきた合衆国が、いまではメタンというはるかにいっそう厄介な問題に首を突っ込みたがっているのは、皮肉なことである）。ドレネンは、ガスのタイプと用途のタイプとを結合させることによって、条約の射程内にあるべきものと、射程内にあるべきでないものとの分割に到達している。ドレネンであれば議定書の制御の下においただろうガスは、CO_2 とメタンだろう。それは恐らく、これらが、人間の制御に服する、地球温暖化への最大の寄与物だからである（水蒸気はいっそう大きな寄与物だが、制御不可能である）。減少するのを彼が見たがっている用途は、「工業関連」用途であって農業用途ではない。ドレネンの戦略は、非生物的な人為起源の CO_2 とメタンを制御することである。これは、大いに論議されてきた、化石燃料による CO_2 のみを扱う定式よりも、はるかに洗練された定式である。それにもかかわらず、ドレネンが言う射程とは異なった射程の確定――衡平の諸考慮事由にいっそう直接的にさえもとづいたもの――であれば、より望ましいのだと提案したい。もっとも、実践的な考慮事由からは、工業無関連 CO_2 と工業無関連メタンというドレネンがとなえるペアを、衡平への着目から直接に導出される特定化の代用物として――そして最も近い近似物として――なおも用いることが要求されるという点を、私も認めるのだが。

私のおもな疑義――それは比較的小さな点なのだが――は、工業関連と工業無関連への区分に関するものである。この区分は――私が理解するところでは――メタン排出量の測定・検証上の困難をまったくよく反映している。天然ガス・パイプラインからの漏出量を計算すること（および変化させること！）は、多種多様な米〔の水田〕や多様な家畜種からの排出量を計算すること（および変化させること！）よりもはるかに容易である。しかしながら、正確に言えば、この区分は、ドレネンと私が共有している衡平への配慮を首尾よく反映していない。肉牛の飼育場からのメタン排出が富裕層の欲求に仕えるものであるように、中国やインドにおける CO_2 排出の多くは、貧困層のニーズに仕えるものでありうる――排出がすべて事実としてニーズに仕えるものだと仮定しているわけではない。農業での一部のメタン排出量は奢侈品であり、工業での一部の CO_2 排出量は必要物である。衡平の基準によって、私たちは前者をすべて無制御のままにしておき、後者をすべて制御したいわけではない。

さて、生物によるメタン排出量を本当に測定することができず、あるいは精確に計算することさえできない以上、衡平との完全な適合が欠けていることは、いまのところ問題ではない。だが、スチュアートとウィーナーによる次の主張は、いくらか印象に残るものだ。私が力説するように、私たちの目的に生計用排出量の制御が含まれるべきでない場合にはとくに、その目的のために十分に精確な計算に到達できるべきだという主張である。科学的理解のためには、最終的にはすべての種類の排出量を測定できるようにならなければならないが、しかし制御するつもりがない種類の測定は、当初は大雑把であってよい。

私たちは、富裕層が貧困層の許容量を買い上げて、貧困層が排出許容量の不足ゆえにみずからの基底的ニーズさえも充足できないままにしておくような排出量の均質化——無差別的——市場をもつべきでない。工業関連と工業無関連というドレネンの仕切り方は、実際上は最善に近いだろう。すなわち、農業での大半の排出量は恐らく生計用であり、工業での多くの排出量はそうでない。それよりもなおよいのは——それが実際的だとすれば——、途上国の必要な工業活動を無制御なままにしておき（もちろん無測定ではない）、先進国の世界の不必要な農業サーヴィスを、その余計な工業活動とともに制御システムの下におく、より洗練された仕切り方だろう。

排出許容量の国際市場があるべきだとすれば、貧困な地域の人口には、彼ら自身が最善と考えるいかなる用途のためにも不可譲の——市場化されない——許容量が割り当てられうる。不可譲の許容量を超えたところでは、市場は魔法のごとく作用することができ、費用効果の基準は至高性をもって君臨することができる。しかし、排出許容量の市場は、スチュアートとウィーナーが勧告するほどに十全に包括的とはならない。途上国の世界の貧困層は、一定量の保護された排出量を保障されるだろうし、彼らはみずからが選ぶ仕方で排出量を生み出すことができるだろう。このことは、貧困層の運命を、遠く離れた見知らぬ者たちのなすがままに委ねるのでなく、貧困層にみずからの人生に対する制御の何らかの手段をもたせることになる。

（宇佐美 誠・阿部久恵 訳）

注

1)　すなわち、富裕層が慣れきった富裕を維持できるべく、貧困層が自分たち自身の経済発展を犠牲にしなければならないかという問題よりも明白ではないのである。すでに述べたように、こうした要求が公正でありうると誰かが誠実に考えるとすれば、その人と私は、私たちが共通にもっているかもしれないどんなものに私は訴えかけうるかが分からないほどに、相異なった世界に属していることになるだろう。

2）排出量自体の最終的配分に関する、想像力に富み論争を喚起する提案については、Agarwal and Narain（1991）を参照。
3）妥協的移行に関する諸論点を扱う真剣な試みは、Grubb and Sebenius（1992）にある。
4）Shue（1992）では、これら関連するいくつかの議論を提供した。正義――あるいは衡平――もまた、UNCTAD（1992）のいくつかの章で論じられている。

文献

Agarwal, Anil and Sunita Narain, 1991, *Global Warming in an Unequal World: A Case of Environmental Colonialism*, New Delhi: Centre for Science and Environment.

Bureau of National Affairs（BNA）, 1992, "Top Environmental Official Welcomes Summit Aid Pledges from Developed Nations-China," *International Environment Reporter: Current Reports* 15: 444.

Drennen, Thomas, E., 1993, "After Rio: Measuring the Effectiveness of the International Response," *Law & Policy* 15: 15–37.

Grubb, Michael and James K. Sebenius, 1992, "Participation, Allocation and Adaptability in International Tradeable Emission Permit Systems for Greenhouse Gas Control," in Organization for Economic Cooperation and Development（OECD）, *Climate Change: Designing a Tradeable Permit System*, Paris: OECD.

Houghton, J. T., G. J. Jenkins, and J. J. Ephraums, 1990, *Climate Change: The IPCC Scientific Assessment*, Report by Working Group I, New York: Cambridge University Press for the Intergovernmental Panel on Climate Change.

Shue, Henry, 1992, "The Unavoidability of Justice," in Andrew Hurrell and Benedict Kingsbury（eds.）, *The International Politics of the Environment: Actors, Interests, and Institutions*, Oxford: Clarendon Press.

Stewart, Richard B. and Jonathan B. Wiener, 1992, "The Comprehensive Approach to Global Climate Policy: Issues of Design and Practicality," *Arizona Journal of International and Comparative Law* 9: 83–113.

United Nations Conference on Trade and Development（UNCTAD）, 1992, *Combating Global Warming: A Study on a Global System of Tradeable Carbon Emissions Entitlements*, UNCTAD/RDP/DFP1, New York: United Nations.

第2章　気候正義の分配原理

宇佐美 誠

1　温室効果ガス排出権の分配的正義

気候変動は、人類が直面している最大の難題の一つである。現下の気候変動の中心は、20世紀を通じて、とくに1980年代以降に顕著となった地球の平均気温の上昇にある。地球上に住まう誰もその影響から逃れられない。沿岸部低地の住民は海面上昇や高潮の危険に直面し、より広域の人々が大型化した台風・ハリケーン・サイクロンに見舞われると予測されている。多くの地域で夏期の暑熱が昂進し、熱帯・亜熱帯ではマラリア・デング熱等の感染地域が拡大し、乾燥地帯では砂漠化がいっそう加速するだろう。北極圏周辺では、先住民族の狩猟・漁の継続が困難となっており、また島嶼諸国では、居住困難となった地域からの移住プログラムがすでに開始されている。たしかに、亜寒帯での気温上昇による耕作可能地の拡大や、北極海の航行可能時期の延長による貿易の活発化など、正の影響も予想されている。しかし、これをはるかに上回る負の影響が、膨大な数の科学的研究によって予測されてきた。

気候変動は20世紀に始まった現象ではない。人類が現れるはるか以前から、氷河時代と無氷河時代、氷期と間氷期、亜氷期と亜間氷期、温暖期と寒冷期が繰り返されてきた。19世紀にいたるまでの変化の原因は、太陽活動・歳差運動・大陸移動・火山活動などの多種多様な自然要因に帰しうるとされている。それに対して、20世紀とりわけ1980年代以降の急速な温暖化を、多かれ少なかれ長い周期の自然要因のみによって説明することは困難である。そのため、二酸化炭素（CO_2）に代表される、水蒸気以外の温室効果ガス（GHG）の大量排出や土地利用の急激な変化という人為起源（anthropogenic）要因による寄与を否定できなくなった。こうした気候学者のコンセンサスの拡大と強化は、気候変動に関する政府間パネル（IPCC）の評価報告書における人為起源要因の寄与の確実性に関する表現の漸次的変化にも現れている。人為起源要因が少なからず寄与する現下の気候変動は、人為起源気候変動と呼ばれる。

自然要因と異なって人為起源要因については、人間による制御が可能である。だが、気候変動枠組条約（気候変動に関する国際連合枠組条約）に始まり、その下で合意された京都議定書（気候変動に関する国際連合枠組条約の京都議定書）や、それに代わるパリ協定にいたるまで、国際社会でさまざまな取り組みが進められてきたにもかかわらず、世界全体のGHG排出量は増加の一途をたどっている。実際、大気中のCO_2濃度は、2016年に過去80万年で最高を記録した。しかも、近い将来に排出量が大きく減少に転じるという見通しは、残念ながら乏しい。

ここまでに瞥見した気候変動の甚大かつ広範な影響、人為起源要因の寄与、そしてこの種の要因の加速度的増大が、気候変動を人類にとって最大の挑戦課題の一つとしている。こうした事態を前にして、気候変動が国際社会のアジェンダに上された1990年代初め以来、政治哲学・倫理学において、気候変動をめぐる原理的諸論点に対する関心が急速に高まってきた。まず先駆的研究を見るならば、デイル・ジェイミソンは、気候変動への経済学的な管理的アプローチを批判し、倫理学的考察の重要性を強調した（Jamieson 1992）。ヘンリー・シューは1993年の記念碑的論文で、①地球温暖化の防止（緩和策）費用の公正配分、②対処（適応策）費用の公正配分、③上記①・②の国際交渉が公正となるための富の背景的配分、④GHG排出量の公正配分という四つの論点を考察した上で、地球規模で見た貧困層が生活のために要する生計用排出と、富裕層が贅沢として行う奢侈的排出の区別を提案した（本書第1章）。より近年には、スティーヴン・ガーディナーが、三つの大しけがあわさった巨大な嵐に漁師たちが遭遇した実話を描く小説・映画『徹底的な嵐』にちなみ、地球規模の問題群、世代間の問題群、理論的な問題群が複合した道徳上の徹底的な嵐として気候変動を性格づけ、これへの対処に表れうる道徳的堕落に警告を発している（Gardiner 2006）。気候変動をめぐる哲学的・倫理学的研究主題群は、近時には気候正義（climate justice）と呼ばれる。

気候正義をめぐる一大論点は、地球規模でのGHG排出権の分配的正義である。これは、シューが挙げた④の論点に該当し、ガーディナーが言う地球規模の問題群の重要な一角をなす。この論点は、以下の推論を通じて立ち現れてきたと思われる。いわゆる危険な気候変動、すなわち人類に激甚な被害をもたらすだろう規模の気候変動を回避するためには、地球の平均気温の上昇を一定範囲に抑制しなければならない。国際社会で広範な支持を得ているのは、産業革命以前の1750年を基準時点として2℃以内の気温上昇である。この目標値であれ、他の何らかの目標値であれ、それを達成するためには、大気中のGHG濃度の上昇を抑制した後、濃度を低下させて長期的に安定化させなければならない。これは、人為起源要因の存在を所与とすれば、地球上の人類全体によるGHG総排出量を抑制し、さらには減少させることを要請する。世界全体で許容可能な総排出量が、概括的・暫定的であれ確定されるならば、次の問いは、総排出量を各国政府ないし各国に住まう各人にいかに分配するべきかである。そして、許容可能な総排出量の分配とは、海洋や陸上植物に代表されるシンクがもつ自然的吸収力を利用する権利を、世界中の各政府または各個人に分割することに他ならない。これが、地球規模でのGHG排出権の分配的正義という論点である。

この問いに取り組む際、多くの論者が重視してきたのは、先進国と途上国の間に横たわる二重の南北格差である。一つは、一人当たりGHG排出量の巨大な格差である。たとえば、2016年時点で、日本の一人当たりCO_2排出量はパキスタンのそれの10倍を上回り、コンゴ民主共和国の120倍に達する。もう一つは、気候変動の悪影響に対する脆弱性の格差である。海面上昇、水害、砂漠化、熱帯性伝染病のいずれについても、途上国は先進国よりもはるかに脆弱である。2008年のサイクロン・ナルギスによる死者数は、ミャンマーを中心に少なくとも14万人に上った。

GHG排出権を地球規模でいかに分配するべきかをめぐっては、おもに三つの陣営が対峙している。過去準拠説（grandfathering view）は、比較的近い過去の特定の時点における各国の排出量の分布を基準として、将来の排出権の分配を決定するべきだと考える。平等排出説（equal per capita emission view）は、あらゆる個人が、居住国の如何を問わず等しい一人当たり排出量への権利をもつと主張する。基底的ニーズ説（basic needs view）は、あらゆる個人が、基底的ニーズの充足に要するかぎりで排出量への権利をもつと論じる。これら3説に加えて、少なからぬ論者は経済水準の南北格差に注目しつつ、途上国の発展の権利に言及してきた。発展の権利を排出権の分配規準とする発展権説（development right view）を構成することができる。

括目に値するのは、気候正義論におけるGHG排出権の分配原理に関する諸見解と、分配的正義論における一国内の所得再分配の目標をめぐる諸理論との相似性である。再分配が何をめざすべきかをめぐっては、1980年代半ば以来、三つ巴の論争が展開されてきた。諸個人がより等しくもつほど望ましいと論じる平等主義、人々が閾値以上にもつことのみを求める十分主義、より不利な個人への裨益は道徳的にいっそう重要だと考える優先主義が対峙する。後に詳述するとおり、平等排出説は平等主義の排出権分配への応用であり、基底的ニーズ説は十分主義と近似しており、そして発展権説の説得力ある形態は優先主義に類似する。そこで、分配目標をめぐる3説に関して蓄積されてきた哲学的知見を排出権分配の考察に応用するならば、この論点に新たな角度から光を照射できると期待される。

しかるに、GHG排出権の分配原理に関する国際学界での研究のめざましい進展にもかかわらず、一国内での分配目標に関わる知見をこの論点に応用した考察は、管見のかぎり皆無に近い[1)]。まして、わが国においては、そもそも気候正義という研究主題がほぼ未開拓のままである[2)]。こうした研究状況に一石を投じるべく、別稿では、分配目標の理論と関連づけつつ、過去準拠説・平等排出説を検討した上で、基底的ニーズ説を擁護し発展させることを試みた（宇佐美2013）。そこでの考察を一方では拡張し、発展権説を検討対象に加えるとともに、他方では深化させて、分配目標に関わるささやかな創見を織り込むことにより、GHG 排出権の分配原理という論点を新たな角度から解明することが、本章の目的である。

以下では、まず GHG 排出権の権利者について考察した後、分配原理に関する過去準拠説とその代表的正当化論を概観し、この見解が地球規模でも一国内でもはらむ道徳的欠陥を同定する（2）。次に、平等排出説の二つの正当化論を要約し、この見解が平等主義の一つの応用であることを確認した上で、後者をおびやかす著名な逆理が前者にも妥当することを明らかにする（3）。さらに、発展権説の諸形態を区別した後、説得的な形態は優先主義に類似していると指摘し、そして優先主義にひそむ二つの難点を剔抉する（4）。これらの否定的結果を踏まえて、基底的ニーズ説を発展させることを試みる。基底的ニーズ説は十分主義と近似的であり、三つの論敵がそれぞれ直面する困難を克服または緩和することができる（5）[3]。最後に結論を述べる（6）。

2　過去の排出は権利を基礎づけるか

GHG 排出権の分配的正義という主題は、二つに分節化される。第一は、誰が GHG 排出権を保有するかという権利者問題である。主要な見解は二つある。国家単位主義（statism）と呼ぶべき立場によれば、政府、すなわち国土に居住する人々を統治する有権的機関が排出権を保有する。政府は、一定の排出量への権利を取得した後、排出をともなった経済活動を行う国内の企業や市民に対して、この権利を割り当てることになる。しかし、国家単位主義は理論的にも実践的にも困難をはらむ。理論的には、一方では富裕層・新中間層が大量の排出を行い、他方では貧困層が気候変動の脅威にさらされている新興国・途上国の実態に適合しがたい。こうしたヤヌス的現況の代表例は中国だが、インド・ブラジル等もそれに準じ、より小さな程度では多数の途上国にも同種の状況が見られる。実践的には、国家単位主義は、排出量がごくわずかである途上国の政治的エリートが、市民の同意なしに未行使の排出権を他国政府に売却し、売却代金を専有することを許してしまう。

より適切だと思われる見解は、各国の個人が排出権をもつと考えるいわば個人単位主義（individualism）である。ここで言う個人は、居住国の国籍をもつ人々に限定されるか、あるいは国籍の有無を問わず居住するすべての人々を包含するか。排出権分配に際して、国籍が重要な関連性をもつとは思われないから、前者でなく後者の解釈をとるべきだろう。

GHG排出のかなりの部分は、現実には企業とくに私企業によって行われているから、個人単位主義は、企業による排出を各市民の排出権によって説明する必要がある。3通りの説明が考えられる。生産基底的説明は、公企業・私企業が財の生産にともなって行う排出を、雇用者・被用者による排出権の行使として捉える。たとえば、ある製鉄所からの排出は、社長・工場長・従業員等が排出権を行使した結果だとみなされる。利潤基底的説明は、私企業の排出を株主などによる排出権の行使とみなす。消費基底的説明は、公企業・私企業の排出を、当該過程で生産されるのが中間財か最終消費財かを問わず、最終消費財の消費者による排出権の行使とみなす。たとえば、自家用車を保有し運転する人は、走行中に直接的に排出権を行使しているだけでなく、それに先立つ自家用車購入により、鉱石の採掘から販売店による納品にいたる生産・流通過程において間接的に排出権を行使したとされる。

第二の問いは、GHG排出権をいかに分配するかという分配法問題である[4)]。これは、排出権取引を是認する立場においては市場配分以前の初期分配の問題であり、取引を否定する立場では終極的分配の問題となる。分配法問題に対して、過去準拠説は、比較的近い過去の特定の一時点における各国のGHG排出量を基準として、将来の排出権を分配するべきだと答える（e.g., Knight 2013）。この見解は国家単位主義とも個人単位主義とも整合しうるが[5)]、上述のように前者は理論的・実践的な諸困難をかかえるから、むしろ後者と組み合わされるべきである。個人単位主義的な過去準拠説は、過去の基準時における各国の排出量に対応して、各国の全住民に排出権を割り当てるよう求める。

過去準拠説はいかなる正当化論によって支えられるか。有力候補はロック的議論である。かつてジョン・ロックは、土地所有権について、ある土地に労働を投下した者は、十分かつ良好な状態のものが他者に残されるかぎり、その土地への所有権を獲得すると述べた（Locke 1988: Bk II, sect. 27＝2010: 後篇27）。ロバート・ノージックは、ロック的所有権論の妥当範囲を土地から財全般へと拡張しつつ、「十分かつ良好な状態のものが他者に残されるかぎり」というロック的但し書に、「他者を悪化させないかぎり」という厚生主義的定式化を与えている（Nozick 1974: 174–182＝1985/1989: 292–306）。土地への労働投下者に所有権を賦与するロックの見解をGHG排出権分配に転用するという発想は、つとに言及されてきた（e.g., Young and Wolf 1992: 49）。

ロック的議論の洗練された形態は、ルーク・ボーヴェンズによって提示されている（Bovens 2011）。彼は、CO_2の自然的吸収力の一部を占有するために投資を行った人々の利益を保護するべきだと主張する。そして、ロック的但し書が充足されなくなった20世紀後半のどこかの時点における各国の排出量を基準として、排出権を分配するべきだという。こうした主張は、個人単位主義の利潤基底的説明に親和的だろう。

過去準拠説は、基準時には大きな投資を行う資力を欠いていた新興国・途上国の人々に対して、貧困削減や経済的発展のためにいま必要とされる排出権を認めないがゆえに不公正だといういわば国際的不公正批判をしばしば招いてきた。これに関連して、過去準拠説は途上国の発展の権利をないがしろにしているとも難じられる。さらに、環境質を低下させた主体に回復費用の負担を求める汚染者負担原則に違背するという非難もある。これらや他の異議に応えて、ボーヴェンズは、さまざまな観点からロック的議論を修正している。

しかしながら、過去準拠説がはらむ不公正は、新興国・途上国の人々との関係に限定されない。個人単位主義をとる以上、国家間のみならず一国内の個人間でも、過去の一時点での排出量分布にもとづいて排出権分配を行うのが首尾一貫している。ところが、一国内の過去の排出量分布に依拠すると、基準時には大きな排出への投資を行えなかったかつての低所得者や低所得層出身の若年者に対して、高所得者や高所得層出身者よりも小さな排出量しか認めないという結論にいたる。過去準拠説は、国際的不公正批判のみならず国内的不公正批判にも直面するのである。国内外ともに不利な人々に対する不公正が過去準拠説に深く巣くっている以上、その除去のためには、ボーヴェンズが試みた理論の部分的修正では足りず、全面的廃棄こそが求められる。

3　平等分配は望ましいか

ピーター・シンガーをはじめとする多数の哲学者や気候変動研究者は、平等排出説をとなえてきた（e.g., Agarawal and Narain 1991; Neumayer 2000: 186–187; Singer 2004: 43–49＝2005: 55–62; Sachs and Santarius 2007: 135–136, 188–190＝2013: 176–178, 241–245）。平等排出説によれば、あらゆる個人は、いずれの国に居住するかを問わず、平等な一人当たりGHG排出量への権利をもつ。この理論は個人単位主義を前提としており、生産基底的・利潤基底的・消費基底的のいずれの説明とも整合しうる。

平等排出説のおもな正当化論として、二つが挙げられる。第一に、スティーヴ・ヴァンダーヘイデンらはコモンズ論をとなえる（Vanderheiden 2008a: 104–109, 226–230; Seidel 2012）。大気はグローバル・コモンズだから、その利用権は平等に分割されるべきだというのである。ここで明確化が必要となる。緩和策がめざす安定的気候は、純粋公共財である。大量排出者を含む地球上のどの個人も消費から排除できず、また多数の個人による安定的な大気の消費が相互に競合しないからである。他方、気候の安定性を可能にするシンクの自然的吸収力は、誰も消費から排除されないものの、利用の増大により消費が競合して、混雑現象が現に生じているから、集合財に属する。公共財としての安定的気候が供給されるべく、シンクの吸収力という集合財を平等に分割するべきだというのが、コモンズ論の主張だと理解できる。

第二に、アクセル・ゴセリーズは、運平等主義に依拠しつつ排出権の平等分配の擁護を行った上で、この主張にいくつかの修正を加えている（Gosseries 2007）。運平等主義は、個人による自発的な選択と個人が制御しえない状況とを区別する。その上で、選択に起因する他者との不平等は個人の責任に帰されるべきだが、状況に由来する不平等は社会的救済により是正されるべきだと論じる。

ゴセリーズは明示していないが、次のような運平等主義的正当化論を構成できる。ある人がいかなる量のGHGを排出するかは、いずれの国に生まれ育ち、いま住んでいるかに大きく左右される。どの国に生まれ育ったかは選択でなく状況に属し、状況にもとづく不平等は是正されるべきだ。したがって、あらゆる個人は、生まれ育ち住む国を問わず、等しい排出量への権利をもつ。たとえば、2012年時点で、アメリカの一人当たりCO_2排出量は、インドのそれの約10倍だった。アメリカ人のアンディもインド人のアヴィクも、出生・居住国での平均量を排出すると仮定すれば、各人がどちらの国に生まれたかによって、その排出量は10倍も異なる。アヴィクは出生・居住国を選べないから、それを原因とする不平等に甘んじる謂れはない。それゆえ、アヴィクはアンディと等しい排出量への権利をもつ。

しかしながら、平等排出説は、各地域の自然環境にもとづくGHG排出の必要度の差異を看過しており、それゆえ厳しい自然環境に住まう人々に対して不公正だという、いわば差異軽視批判を招いてきた。たとえば、ストックホルムに住むマックスは、スリランカのスリ・ジャヤワルダナプラ・コッテで暮らすマヌーラと異なり、長く厳しい冬季の暖房のために、より多くのCO_2を排出せざるをえない。だが、平等排出説は、マックスにマヌーラと等しい排出量しか認めない。

差異軽視批判に対して、平等排出説の側から二つの反論が出されている。第一に、ゴセリーズは、自然環境の相違が長期的には状況でなく選択に含まれると主張する（Gosseries 2007: 302–303）。マックスは、より温暖な気候であるスリランカへの移住を選ぶこともできたから、厳冬が続くスウェーデンにとどまるのを選んだ以上、彼に追加的排出権を与える理由はないことになる。しかし、ゴセリーズの主張は二つの点で失敗している。何よりもまず、これは自己論駁的である。厳しい自然環境にとどまるのを個人の選択とみなすことは、出生・居住国が選択でなく状況に属するという運平等主義的正当化論の基本的前提と矛盾する。マックスがスウェーデンに住み続けるのを選択とみなすのであれば、アヴィクがインドに住み続けるのも選択と解さなければ平仄があわない。そうすると、アヴィクはインド居住の継続を選ぶことにより、アンディの10分の1のCO_2排出も選びとったことになる。運平等主義的正当化論はいまや自壊する。他方、コモンズ論を採用すれば、自己論駁性という批判を回避できる。次に、運平等主義とコモンズ論のいずれに依拠するかを問わず、ゴセリーズの応答は、移動費用を支弁できない低所得者、他国での生活に重大な支障をきたす外国語未修得者、移動が困難な身体障碍者等を考慮しそこねている（Caney 2011: 96）。スウェーデンのラップランドで、過去に十分な英語教育を受ける機会もなく質素な伝統的生活を営むサーミ人マルテが、温暖なスリランカに移住しないことを、選択の結果とみなすことはできない。

第二の反論は、シンガーが示唆した排出権取引である（Singer 2004: 47＝2005: 59–60）。排出権取引市場を想定すると、マックスが追加的排出権を必要とする場合には、マヌーラから買い取ればよいというわけである。しかし、シンガーの応答は、ゴセリーズの応答と同種の難点をかかえている（Caney 2011: 97）。低所得のマルテにとって、追加的排出権をマヌーラから購入することは困難だろう[6)]。

平等排出説は、平等主義をGHG排出権分配に適用したものだと言える。ここで言う平等主義とは、ある状態において諸個人の福利（wellbeing）がより等しいほど、その状態がもつ本来的価値は大きくなると論じる理論群である。福利は、効用すなわち快苦・選好・欲求のいずれかを想定する厚生主義、私的財の束に着目する資源主義、価値あることをなし価値ある状態でいることを提案するケイパビリティ・アプローチのうち、いずれの観点から解釈されてもよい。また、本来的価値とは、何か別の望ましいものに資するという道具的価値から区別された、それ自体がもつ望ましさをさす。

平等排出説が平等主義の応用である以上、後者がはらむ難点を前者もかかえうると予想される。この点を理解するため、平等な一人当たり排出量とはいかなる量かと問うてみよう。二つの解答がありうる。最大化型平等排出説は、危険な気候変動を防止できる水準にまで地球の平均気温を抑えることを総体的制約条件とした上で、予測可能な将来における世界人口・経済水準・科学技術等の見通しにもとづいて、最大限に許容可能な一人当たり排出量を算定し、この排出量に対する権利を承認する。しかしながら、こうした排出権の確定法は大きなリスクをともなう。一般的に言えば、各地の気温は、人為起源要因を含む多数の長期的・短期的要因のきわめて複雑な組み合わせに依存する。より具体的には、たとえばCO_2が大気中に数年から数百年も残留することによる長期的影響や、CO_2の大量排出が招く極地の気温上昇で氷床が融解すると、太陽光線の反射率が低下して気温がいっそう上昇するなどのいわゆる正帰還などが挙げられる。これらや他の多くの理由により、最大化型平等排出説は、人類に壊滅的大惨事の大きなリスクを負わせる見解だと言わざるをえない。他方、非最大化型平等排出説は、最大限に許容可能な一人当たり排出量を下回る何らかの排出量に対して権利を認める。非最大化型は、最大限の許容可能な排出量からの抑制度によるものの、最大化型と比べると概して、人類にとってのリスクを縮減できる。

だが、非最大化型平等排出説は重大な困難に逢着する。それは、デレク・パーフィットらが平等主義に対して提起した水準低下批判（levelling down objection）である（Parfit 2002: 98–99）。水準低下批判とは、不利者の状態を改善せずに有利者の状態を悪化させるのが、少なくとも一つの観点からは望ましいと評価されるという逆理である。水準低下批判は非最大化型平等排出説にも妥当する。2012年時点で、アメリカの一人当たりCO_2排出量は16トン、インドのそれは1.6トンだった。そこで、アンディとアヴィクの排出量は、仮定により（16, 1.6）と表される。これを、アンディの排出量がアヴィクと同量まで減少する（1.6, 1.6）と比較しよう。非最大化型は、他の観点はともあれ少なくとも平等の観点からは、（1.6, 1.6）が（16, 1.6）よりも望ましいと評価する。ここでは、アンディの排出量のみが低下し、アヴィクのそれは変化していないから、この変化を部分的水準低下と呼びうる。インドの農村部には電力さえ利用できない多数の人々がいるという現実を想起するだけでも、部分的水準低下の反直観性は明らかだろう。

問題はそれにとどまらない。非最大化型平等排出説は、部分的水準低下のみならず全体的水準低下までも是認せざるをえないのである。アンディとアヴィクの排出量がさらに減少して、当時のモザンビークの一人当たり排出量とほぼ等しくなった状態（0.16, 0.16）を想像できる。件の見解は、少なくとも平等の観点から見るかぎり、（0.16, 0.16）が（16, 1.6）よりも望ましく、また（1.6, 1.6）と無差別である、すなわち同程度に好ましいと評価せざるをえない。しかし、全体的水準低下は明らかに、部分的水準低下よりもいっそう首肯しがたい[7)]。

4　発展の権利は排出を根拠づけるか

GHG 排出権分配の論脈において、発展の権利がしばしば称揚されてきた。トマス・シェリングはつとに、地球全体での排出許容量の上限という観念を批判した上で、先進国に排出削減を求める一方で途上国に対してはこれを免じる根拠として、発展の必要性に訴えかけた（Schelling 1992）。より最近では、ヴァンダーヘイデンが、途上国が生存水準から先進国に匹敵する水準にいたるまでの排出の正当化根拠を発展の権利に求めている（Vanderheiden 2008b: 55–63）。また、サイモン・ケイニーは、基底的ニーズの保障と関連づけつつ発展の権利に言及する（Caney 2011: 97–101）。発展の権利は GHG 排出権の分配原理を提供すると考える多様な見解を、発展権説と総称しよう。これは生産者基底的説明と親和的だと思われる。

発展権説を厳密に考察するためには、三つの観点から区分するのが有用である。第一に、誰が発展の権利をもつかという権利者問題がある。これは、GHG 排出権分配での権利者問題と同型の問いである。戦後国際社会の現実政治で繰り返し行われてきた発展の権利の主張は、途上国政府を実質的な権利主体とする国家単位主義に依拠する。しかしながら、対外的には発展の権利を主張する政府が、国内ではしばしば貧困層を放置し社会的経済的不平等を増長してきたという事実にかんがみるならば、国家単位主義は峻拒されねばならない。むしろ、各途上国に居住する諸個人が国籍を問わず共有する集積的権利として発展の権利を捉える住民単位主義を採用するべきである。

第二に、発展の権利が正当化する GHG 排出量の多寡は、各国の状況に応じて異なるか否かという内容問題がある。この問いに対する単純な一解答は、均一型発展権説と呼べるものである。たとえば、経済開発機構（OECD）加盟と一定水準以上の一人当たり国内総生産（GDP）との組み合わせにより、世界中のすべての国を先進国と途上国に二分した上で、途上国に対しては、全世界で均一に設けられた一人当たりの発展権基底的排出量を認めるのである。しかし、先進国以外という範疇には、新興国から後発途上国にいたるじつに多様な経済水準の国々が含まれるにもかかわらず、そのすべてに等しい一人当たり排出量を認めることは、理にかなっていない。よりもっともらしいのは、一人当たりGDPの増加につれて減少する形で、一人当たりの発展権基底的排出量を与えるいわば段階型発展権説である。この見解では、一人当たりGDPが小さい国の各住民ほど、より多くの一人当たり排出量への権利をもつことになる。

第三に、発展の権利はどの水準の排出量までを正当化するかという射程問題がある。多くの論者は、途上国の経済水準が先進国のそれに比肩するのに必要な排出量までが正当化されると考えている。これを拡張型発展権説と呼ぼう。しかしながら、中国の14億1千万人とインドの13億4千万人が、アメリカに匹敵する一人当たり量を排出する状態を想像すれば明らかなように、拡張型は人類を危険な気候変動にさらすだろう。このとき、危険な気候変動の防止と排出量の南北間格差の是正という、気候正義論での二つの要請が真正面から衝突している。それに対して、発展権は先進国の水準にいたる途上の何らかの特定水準までの排出を正当化するといういわば限定型発展権説がありうる。この特定水準の如何は次節で探究したい。

段階型発展権説は、パーフィットが優先性説と呼んだ見解に端を発する優先主義に類似した構造をもつ（Parfit 2002: 101＝2018: 172）。優先主義は、ある個人の福利が絶対的意味で小さいほど、つまりゼロに近いほど、その個人への裨益は道徳的により重要だと論じる。この理論は平等主義と異なって、平等に道具的価値しか認めない。すなわち、諸個人の福利をより平等にすることは、絶対的意味での不利者がもつ福利を増加させるならば、それを理由として価値をもつと考える。

優先主義によれば、状態sにいる個人の福利wが増加するにしたがって、

s がもつ価値 $V(s)$ は増加してゆく。だが、$V(s)$ の限界的増加分、すなわち w の1単位の増加がもたらす $V(s)$ の増加分は、w の値が大きくなるにつれて、次第に小さくなる。それゆえ、優先主義を、式2–1の価値関数によって定式化できる。

$$V(s) = \alpha\sqrt{w} + \beta \qquad \text{式 2–1}$$

もっとも、$\beta > 0$ である場合には、$w = 0$ のときにさえ $V(s) > 0$ となり、反対に $\beta < 0$ の場合には、$w > 0$ のときにも $V(s) < 0$ となることがある。それゆえ、$\beta = 0$ と解するのが適切である。α は任意の正の値をとりうるが（$\alpha > 0$）、単純化のために $\alpha = 1$ と仮定しよう。そこで、優先主義は、簡潔に式2–2によって表される。

$$V(s) = \sqrt{w} \qquad \text{式 2–2}$$

優先主義はさまざまな批判を招いてきたが、ここでは2群の批判に焦点をあわせたい。第一に、ロジャー・クリスプは、ビバリーヒルズの事例という有名な仮想例を用いて、有利者優先批判と呼びうる異議を提出した（Crisp 2003: 755＝2018: 224–225）。それによれば、絶対的意味で有利な個人といっそう有利な個人とがいるとき、優先主義は、前者への裨益に後者への裨益よりも大きな価値を与えてしまう。たとえば、イチロウの所得が1億円で、ジロウの所得は2億円であるとき、優先主義によれば、10万円の受給者としてイチロウをジロウよりも優先するべきである。しかし、多くの人は、ジロウはもちろんイチロウにも10万円を与える理由などないと考えるだろう。

第二に、水準低下に関わる異議がいくつか出されている。パーフィットはもともと、水準低下批判を免れた理論として優先性説を提示した（Parfit 2002: 105＝2018: 180–181）。にもかかわらず、ロデク・ラビノヴィッツらは、優先主義が水準低下批判に直面する状況を発見している（Rabinowicz 2002; Ord 2015）。彼らのかなり専門技術的な分析を検討することは、本章の目的を超えるが、反例をなす個別状況の発見には大きな理論的意義があるものの、優先主義を全面的に斥ける理由にはいたらないと思われる。他方、イングマー・ペアションは、諸個人の福利の平均に着目しつつ、優先主義は水準低下批判から逃れられないと論じる（Persson 2008）。だが、詳論する紙幅はないが、彼の優先主義の解釈がどこまで的確かには、控えに言っても議論の余地がある。

むしろ、優先主義は、私が準-水準低下批判（quasi-levelling down objection）と呼ぶ異議に逢着する。準-水準低下批判とは、不利者の状態を改善するよりも大きな程度で有利者の状態を悪化させることが、少なくとも一つの観点からは望ましいと評価されるという逆理である。これは、水準低下批判よりも弱い、すなわちより広範に成立するから、水準低下批判を招く平等主義は、いっそう強い理由によって（a fortiori）準-水準低下批判に直面する。レッシーとリッチーの2人が状態（1, 10）から（2, 3）に移行すると仮定しよう。平等主義は、平等の観点からは、前者よりも後者の方が望ましいと判断する。しかし、この移行により、レッシーの状態は1だけ改善するにとどまり、リッチーのそれは7も悪化している。

優先主義についてはどうか。優先主義では平等主義と異なって、ある状態がもつ道徳的価値は、その状態に存在する各人の福利がもつ道徳的価値の和に等しいとしばしば想定される。たとえば、レッシーとリッチーが状態（1, 25）から（2, 21.5）に移るとしよう。前者の状態における各人の福利の価値は、式2-2より（1, 5）であるから、この状態がもつ価値は6となる。後者では、各人の福利の価値はおよそ（1.414, 4.637）だから、この状態の価値は6.051である。したがって、優先主義によれば、前者から後者への移行は望ましい。ところが、この移行は、レッシーを1だけ改善させる一方で、リッチーを3.5も悪化させている。エミが1歳で、エリカが25歳でそれぞれ夭逝する場合と、エミが2歳で、エリカが21.5歳で死亡する場合を比べたとき、私たちは、エミを1年間長く生かせるために、エリカの3年半も早い死亡を望むだろうか。

しかも、有利者の絶対的有利性が高まるほど、求められる犠牲は大きくなる。レッシーとリッチーが（1, 36）から（2, 31.5）に移るとしよう。前者の状態がもつ価値は7となるが、後者の価値が7.026だから、前者から後者への移行は望ましいとされる。リッチーの悪化はいまや4.5に上る。私たちは、エミを1歳からあと1年間生き長らえさせるために、36歳のエイコが4年半も早く死ぬよう望まねばならなくなる。そして、これらの例では式2-2を用いたが、より一般的に式2-1でも同種の結果が得られる。このように、準-水準低下批判は、ラビノヴィッツらの発見と異なり個別状況に限定されず、またペアションの異議のように議論の余地ある優先主義解釈に立脚せずに妥当する。

ここで注目されるのは、有利者優先批判も準-水準低下批判も、他の事由を一定とすれば（ceteris paribus）、優先主義がより広範な範囲で用いられるほど、数学的には w の定義域が広いほど、説得力を増すという点である。この点は、発展権説を評価する上で重要な含意をもつ。優先主義に類似した段階型を採用する以上、拡張型では二つの批判がともにきわめて強力となる。他方、限定型が、比較的低い水準の排出量までを権原あるものとするならば、これらの批判によって深刻には脅かされない。拡張型は危険な気候変動にいたりうるがゆえに、むしろ限定型を採用するべきだという上述の実践的主張は、優先主義に関する哲学的知見によっても支持されるのである。もっとも、限定型の推奨は、危険な気候変動の防止という一方の要請のために、二重の南北格差の是正という他方の要請をあまりに大きく譲歩させているという異議が出されうる。この異議には次節で応答するつもりである。

5　基底的ニーズの充足へ

前節までの検討から、過去準拠説・平等排出説・発展権説はいずれも深刻な難点をはらんでいることが明らかとなった。いくつかの難点は気候正義論で指摘されてきたが、他の難点は分配目標の哲学的分析を通じて新たに発見された。こうした否定的結果を踏まえて、本節では、第四の理論である基底的ニーズ説を素描した上で、これと構造的に類似した十分主義がもつ長所と短所を指摘し、その短所を克服することを通じて、基底的ニーズ説のより頑健な形態を提案する。

すでに部分的に紹介したとおり、シューは、途上国での生計用排出と先進国での奢侈的排出を区別した上で、前者への権利を保障しつつ、後者を温暖化防止の観点から限界づけることを提唱した。こうした議論から示唆をえて、ケイニーは、国内的には燃料面での貧困層の基底的ニーズを満たし、国際的には危険な温暖化を引き起こさずに貧困層の発展を可能とする方向性をめざす。そして、発展の権利に訴えかけつつ、世界で最も不利な人々に対してより多くの排出量を割り当てる政策案や、排出権オークションからの収益を不利な人々に提供する政策案へと自説を接続している。彼らの議論は消費基底的説明と親和的である。

これらの先行学説を踏まえた上で基底的ニーズ説をさらに発展させるための第一歩は、基底的ニーズの概念を分節化することだと思われる。基底的ニーズについて、個人が居住国を問わず健康で安全な生存を可能とする生存水準（survival level）と、個人が住む社会において最小限の社会的・経済的品位ある生活を送れる品位水準（decent level）を区別できる。食料・衣料・シェルター・暖房・基礎的医療・公衆衛生は生存水準に属するのに対して、品位水準には、初等・中等教育、一定以上の収入のある職業機会、余暇の時間や設備なども含まれる。生存水準にとどまらず品位水準までの排出を、基底的ニーズの充足の観点から正当化できるだろう（cf. Vanderheiden 2008b: 50–55）。

各人が品位水準の基底的ニーズを充足するためには、直接・間接にGHGを排出せざるをえない。消費基底的な個人単位主義の説明によれば、ある人が住む家屋の建設時に生じた排出は間接的であるのに対して、調理・暖房や通学・通勤・受診の際に行う排出は直接的である。何人も、基底的ニーズの充足に必要な排出量に対する権利を主張しうるが、その量を超えた排出については、初期分配の段階では権利を主張しえない。

品位水準の基底的ニーズに必要なGHG排出量をいかに確定するか。まず、各人が基底的ニーズを満たすのに要する排出量の閾値は、当該社会において現時点で利用可能な科学技術に依存する。そのため、エネルギー効率の改善や再生可能エネルギー技術の普及などにともなって、また途上国については国際的技術支援の進展にもつれて、基底的ニーズ充足のための排出量の閾値が徐々に低下してゆくだろう。

困難な問いはその先にある。品位水準の基底的ニーズの充足に要する排出量は、居住地の生活環境によって大きく異なる。マックスは冬季の暖房のために、マヌーラよりも多くの排出量を必要とする。同様に、モータリゼーションが進んだロサンジェルスで暮らすクリスは、発達した公共交通網をそなえたロンドンに住むクレアと比べて、通勤や買い物のために多くの排出量を必要とする。ここでディレンマが立ち現れる。一方で、地域差をまったく考慮に入れなければ、マックスにマヌーラと等量の排出権しか認めないことになる。その場合、基底的ニーズ説は平等排出説と同様、差異軽視批判に直面する。他方では、現時点での地域差をすべて所与として排出量を確定するならば、自家用車にもっぱら頼るクリスに、地下鉄・バスを頻繁に利用するクレアよりも多くの排出権を恒常的に認めることになる。基底的ニーズ説はいまや、危険な気候変動への途を歩み始めるとともに、過去準拠説と同じく、大量排出国の人々の不当な厚遇という国際的不公正批判にさらされる。

上記のディレンマを解決するためには、自然環境と社会環境を区別する必要がある。厳冬は、原則的には地理的・気象的諸条件に規定された自然環境に属するのに対して、モータリゼーションは、生活様式や交通インフラに大きく依存する社会環境に含まれる。基底的ニーズを満たす上で生じる自然環境上の地域差は、充分に考慮されるべきである。それゆえ、マックスは、マヌーラよりも多くの排出量への権利を暖房用として認められる。それとは対照的に、社会環境上の差異については、各国・各地域での移行費用の負担を勘案して短期的には差異を考慮に入れつつも、中期的には漸次的に考慮の重みを減じてゆくのが理にかなう。クリスを含むロサンジェルス市民は、バイオ燃料自動車や（再生可能エネルギー等による発電を前提とした）電気自動車の使用などを通じて、遠くない将来には排出量を大きく削減してゆくべきであり、現在のガソリン車の普及を理由とした追加的排出権を恒常的に認められてはならない。自然環境を考慮しつづけるが社会環境の考慮を縮減してゆく形態の基底的ニーズ説は、差異軽視批判と国際的不公正批判をともに回避できる。

基底的ニーズの充足に必要なGHG排出量に限定して排出権を附与することは、一方では、現在の排出量が充足線に達しない途上国の貧困層に対して、排出増加を是認する。他方、排出量が充足線を大きく越えている先進国市民や新興国・途上国の富裕層に対しては、大幅な排出削減を要求する。だが、こうした大幅削減を達成するための抜本的緩和策の策定・実施は、少なくとも近い将来には困難だと予想される。そこで、排出権の初期分配から市場での配分にまで、また緩和策から適応策にまで視野を広げる必要がある。

地球規模でのGHG排出権取引市場が設立されるならば、各国政府は自国市民の権利行使や義務履行を代行して、この市場に需要者または供給者として現れるだろう。各政府は、世界共通の特定時点における自国の人口に、基底的ニーズの充足に要する排出量を掛け合わせた量の排出権の束をもっている。この排出権の総量を超えた排出を必要とする国の政府は、排出権の一部しか必要としない国の政府から、自国市民のために追加的排出権を購入する。ここで、排出需要が小さい途上国の政治的エリートが排出権の売却代金を専有するという国家単位主義の実践的困難が、再び頭をもたげる。こうした事態を防止するためには、排出権の供給国政府に対して、自国の貧困層がもつ基底的ニーズの充足や、この層の利益に資する適応策を推進するために排出権の売却代金を用いることを義務づける必要がある。他方、排出権の需要国政府は、自国内で基底的ニーズが充足されていない貧困層に対しては、排出権を無償で分配するように要請される。この要請をともなう排出権取引市場の構想は、マルテの例が示すような先進国内の貧困層の軽視という問題を克服できる。

国際的排出権取引は、途上国において排出量が基底的ニーズの充足線を下回る一方で、気候変動の悪影響に対してとりわけ脆弱である貧困層に対して、補償を行うことを可能とする。先進国市民による排出は、途上国の貧困層を気候変動の悪影響に曝露させ、途上国政府には多額の適応策費用の負担を強要していると言える。そこで、先進国市民は、充足線までみずからの排出量を削減できない期間中、匡正的正義の理念によって、新興国・途上国の貧困層に適応策の費用の一部を補償するよう義務づけられる。先進国政府が自国の市民の名において追加的排出権を購入し、途上国政府は売却代金を用いて、自国の貧困層を利する適応策を拡充してゆくならば、気候変動をめぐる匡正的正義の実現に資する。これは、北側から南側への大規模な所得再分配を帰結するだろう。なお、新興国・途上国の富裕層もまた、自国の貧困層に対して適応策費用の部分的補償の義務を負う。この義務が履行されるためには、各国で排出権取引市場を新設した上で、たとえば売却益に対して政府が課税し、その税収を、貧困層をおもな受益者とする適応策の費用に充当する制度を確立することが求められる。

基底的ニーズ説と近似した構造をもつ分配目標の理論群は、ハリー・フランクファートによって提唱され、クリスプらにより展開された十分主義である（Frankfurt 1987: 32–41; Crisp 2003: 755–763＝2018: 226–238）。十分主義に対する一批判者の定式化によれば、この理論群は積極テーゼと消極テーゼから構成される（Casal 2007: 297–298）。定式を若干補正すると、積極テーゼは、あらゆる個人が閾値まで福利をもつことを求める一方、消極テーゼは、閾値を超えた領域での個人間格差は是正されるべきでないと述べる。十分主義は、閾値未満の領域では全員の福利の増加を要求し、また閾値を超えた領域では有利者の福利の減少を是認しないから、水準低下批判はもちろん準–水準低下批判によっても掘り崩されない。

だが、閾値未満の領域では、水準低下批判に対する耐性は大きな道徳的対価をともなう。フランクファートをはじめとして幾人かの十分主義者は、員数説とときに呼ばれる見解をとる（Frankfurt 1987: 31）。員数説は、閾値に達している個人の数が考慮対象集団の構成員数に占める割合の最大化をめざす。これはときに反直観的帰結をもたらす。閾値が10であるとき、レッシー、ノーマ、リッチーの福利が（1, 10, 20）か（9, 9, 20）になると仮定しよう。員数説によれば、レッシーのみが閾値未満である前者の状態は、レッシーとノーマがそうである後者よりも望ましい。しかし、この判断には大いに異論の余地がある。個別的観点から見るならば、前者の状態では、レッシーが9も閾値を下回り苦境に陥っているのに対して、後者では、レッシーもノーマも1ずつ下回るにすぎない。集計的観点からは、前者の状態における福利の総不足量は9に上るが、後者での総不足量は2にとどまる。

十分主義がもつ長短を踏まえて、基底的ニーズ説に戻ろう。この見解が、基底的ニーズの充足線を越えた排出に対して削減義務を課するのでなく、取引市場での排出権の購入を求めることは、消極テーゼと親和的である。そのため、充足線を越えた領域で、基底的ニーズ説は（準-）水準低下批判におびやかされない。もっとも、ここで次の疑義が出されうる。大量排出国において、再生可能エネルギーの普及や交通・輸送システムの変容などにより、人々の排出量が減少して充足線に近づくならば、基底的ニーズ説は、危険な気候変動を防止する観点から、これを歓迎するだろう。これは、充足線を越える排出について、水準低下を是認することに他ならない。したがって、基底的ニーズ説は（準-）水準低下批判に直面するのではないか。この疑義に対する回答は、否である。（準-）水準低下批判の要諦は、有利者の水準が低下するのを是認する判断が私たちの道徳的直観に反するという点にある。技術革新や新技術の普及によって、基底的ニーズが引き続き充足されつつ排出量が低下するならば、何ら遺憾に思うべきものはない。ここでは、たしかに水準低下が発生しているが、しかし（準-）水準低下批判は提起されていないのである。

問題は充足線を下回る領域にある。基底的ニーズ説が有力な十分主義者たちにならって員数説を仮に採用するならば、充足線をわずかに下回る新興国の相対的貧困層が、これを大きく下回る後発途上国の絶対的貧困層よりも優先されるという結論にいたる。この結論は、いわば南々格差の是正という観点から受容しがたい。この逆理を解決するためには、再解釈された発展への権利をもって基底的ニーズ説を補完するべきだと考える。従来、発展への権利は、経済的離陸や経済成長をめざす経済開発への権利として解釈されてきたが、経済成長から取り残され、品位ある生活を送れない多数の人々がいるならば、勝義の発展が達成されたとは言いがたい。むしろ、この権利は、人間の開発への権利として換骨奪胎されるべきである。すなわち、品位水準の基底的ニーズの充足線に達するまでは、各人のニーズの充足度に逆比例する形で排出権を附与することが望まれる。人間の開発を掲げる新たな形態の発展権説は、経済開発をめざす旧来の形態と同じく、優先主義に類似する。それゆえ、有利者優先批判と準−水準低下批判を全面的に斥けることはできないが、それでもみずからの妥当領域をニーズ充足線にまで限定することによって、これら二つの批判の威力を大きく減じることができる。

6　気候正義と分配的正義

前節までにおいて、気候正義の一大論点であるGHG排出権の分配の諸学説に関して、所得再分配の目標をめぐる三つの理論群との相似性に着目しつつ、考察を行ってきた。まず、権利者問題について、国家単位主義を斥けて個人単位主義を採った。その上で、分配法問題について、過去準拠説はコモンズ論とロック的議論によって支持される一方で、個人単位主義を採るかぎり国際的不公正批判に加えて国内的不公正批判にもさいなまれると指摘した(2)。次に、広範な支持をえてきた平等排出説は、差異軽視批判に対して有効な反論を行っていないことを示した。また、平等排出説の最大化型は気候変動の大きなリスクを招きかねず、非最大化型は平等主義と同様に水準低下批判に悩まされる(3)。発展権説は、国家単位主義／住民単位主義、拡張型／限定型、均一型／段階型に区分されるが、国家単位主義・拡張型・均一型は支持しがたい。段階型に類似する優先主義は、有利者優先批判と準−水準低下批判に直面するが、段階型がこれらの批判を緩和するためには、限定型を採用する必要がある(4)。基底的ニーズ説は、過去準拠説と異なり不公正批判を受けず、平等排出説と違って差異軽視批判にさらされない。また、みずからと近似した十分主義と同様に、充足線を越える排出については水準低下批判を完全に免れている。だが、十分主義でしばしば採用される員数説の逆説的帰結を避けるためには、人間の開発をめざす新たな限定型発展権説によって補完される必要があり、この新形態は有利者優先批判と準−水準低下批判の威力をそぐことができる(5)。

以上の考察は、地球規模でのGHG排出権の分配という未曽有の主題に取り組む際に、所得再分配の目標に関して蓄積されてきた哲学的知見が有用な分析装置を提供できることを示している。これは、分配的正義の古い革袋に気候正義という新たな葡萄酒を入れることではない。所得再分配に関する研究成果が排出権分配という新奇な文脈にただちに適合する保証はなく、むしろ文脈にあわせた補正がときに求められるからである。にもかかわらず、気候変動によって提起されるまったく新たな哲学的問題に立ち向かうとき、分配的正義論の既存の成果は強力な分析装置を提供しうるのである。

注

＊　本章の概要を示した研究報告に対して、森村進・後藤玲子・瀧川英裕・佐野亘・井上彰各氏より貴重なコメントをいただき、後に鬼頭秀一氏との討論からも示唆を得た。また、本章の内容の一部を含む研究報告を、国立環境研究所 Future Earth プロジェクト研究会合（つくば市、2014年）、持続可能な発展に関する国際会議（ローマ、2014年・2016年）、ソキエタス・エティカ学術大会（リンショーピン、2015年）、公共政策・経済分析研究所国際会議（ニューヨーク、2017年）、ヨーロッパ分析哲学会学術大会（ミュンヘン、2017年）で行い、各機会に参加者から多数の質問・コメントをいただいた。以上すべての方々にお礼を申し上げたい。

1）　エドワード・ペイジは、気候正義のうち世代間正義の論脈で分配目標を考察している（Page 2006: 78–98）。

2）　ただし、気候政策の国際交渉を考察する最近の一著作では、背景的原理が論及されている（明日香 2015: 67–88）。

3）　国際的気候政策上は、実現可能性等の実際的考慮にもとづいて、過去準拠説・平等排出説・基底的ニーズ説を適宜組み合わせる折衷的方策を構想できる。たとえば、過去準拠説の一亜種から出発しつつ長期的には平等排出説に近づく政策案が、つとに提案されている（Young and Wolf 1992）。他方、哲学的考察を旨とする本章では、各見解の理論的当否の検討を中心にすえる。実現可能性などの政策的諸論点については、宇佐美 2013 を参照。

4）　ここで、コースの定理によれば、いかなる権利の初期分配かを問わず、取引によって効率的配分が実現するという指摘がなされるかもしれない。だが、この定理が（近似値的に）成立するか否かは、取引費用がゼロである（または十分に小さい）という条件の充足可能性に依存する。より重要なことに、取引費用がゼロであるとき、複数の初期分配から市場取引を経て同一の効率的配分が達成されても、分配効果は初期分配に応じて異なる。これらの理由により、コースの定理は、排出権の初期分配の重要性を否定する理由とはなりえない。

5）国家単位主義的な過去準拠説は、現行の国際的気候政策と類似した発想に立つ。たとえば京都議定書においては、1990年を基準時点として、附属書I国の排出量削減義務が申し合わされた。その後継として合意されたパリ協定では、各国は、みずからが選ぶ基準時点での排出量からの削減量または削減比を設定できる。現行政策では排出削減義務が掲げられるのに対して、過去準拠説は排出権について語るという重要な相違点はあるものの、両者は、過去の特定時点での排出量を基準とするという特徴を共有している。

6）平等排出説に対しては、各国政府に人口増加策への強い誘因を与え、地球全体の排出量増大を招くという批判がたびたび行われてきた。しかし、全世界で共通の特定時点における人口を基準とし、その見直しを頻繁には行わないことによって、この批判を容易に回避できる。

7）水準低下批判に対して、平等主義者たちは多様な反論を試みてきたが、いずれも成功にいたっていない。たとえば、ラリー・テムキンは、みずからが比例的正義と名づけた観点から、水準低下批判の基礎にある基本原理が道徳的直観に反する仮想例を挙げているが、その立論には種々の難点がひそむ（Temkin 2000: 132–140; cf. 宇佐美 2016: 85–87; 井上 2017: 127–141）。また、アンドリュー・メイソンは、彼が条件つき平等主義と呼ぶ見解によってこの批判を回避しようとするが、その問題点がすでに指摘されている（Mason 2001; cf. Holtug 2007）。

文献

Agarwal, Anil and Sunita Narain, 1991, *Global Warming in an Unequal World: A Case of Environmental Colonialism*, New Delhi: Centre for Science and Environment.

Bovens, Luc, 2011, “A Lockean Defense of Grandfathering Emission Rights,” in Dennis G. Arnold（ed.）, *The Ethics of Global Climate Change*, New York: Cambridge University Press, pp. 124–144.

Caney, Simon, 2011, “Climate Change, Energy Rights, and Equality,” in Dennis G. Arnold（ed.）, *The Ethics of Global Climate Change*, New York: Cambridge University Press, pp. 77–103.

Casal, Paula, 2007, “Why Sufficiency Is Not Enough,” *Ethics* 117(2): 296–326.

Crisp, Roger, 2003, “Equality, Priority and Compassion,” *Ethics* 113(4): 745–763.（＝保田幸子訳 2018「平等・優先性・同情」広瀬巌編・監訳『平等主義基本論文集』勁草書房、207–238頁）

Frankfurt, Harry, 1987, “Equality as a Moral Ideal,” *Ethics* 98(1): 21–43.

Gardiner, Stephen M., 2006, “A Perfect Moral Storm: Climate Change, Intergenerational Ethics and the Problem of Corruption,” *Environmental Values* 15(3): 397–413.

Gosseries, Axel, 2007, “Cosmopolitan Luck Egalitarianism and the Greenhouse Effect,” in Daniel Weinstock（ed.）, *Global Justice, Global Institutions*, Calgary: University

of Calgary Press, pp. 279–309.
Holtug, Nils, 2007, "A Note on Conditional Egalitarianism," *Economics and Philosophy* 23(1): 45–63.
Jamieson, Dale, 1992, "Ethics, Public Policy, and Global Warming," *Science, Technology, and Human Values* 17(2): 139–153.
Knight, Carl, 2013, "What Is Grandfathering?" *Environmental Politics* 22(3): 410–427.
Locke, John, 1988, *Two Treatises of Government*, student ed., ed. by Peter Laslett, Cambridge: Cambridge University Press.（＝加藤節訳 2010『完訳　統治二論』岩波書店）
Mason, Andrew, 2001, "Egalitarianism and the Levelling Down Objection," *Analysis* 61(3): 246–254.
Neumayer, Eric, 2000, "In Defense of Historical Accountability for Greenhouse Gas Emissions," *Ecological Economics* 33(2): 185–192.
Nozick, Robert, 1974, *Anarchy, State, and Utopia*, New York: Basic Books.（＝嶋津格訳 1985/1989『アナーキー・国家・ユートピア：国家の正当性とその限界』木鐸社）
Ord, Toby, 2015, "A New Counterexample to Prioritarianism," *Utilitas* 27(3): 298–302.
Page, Edward A., 2006, *Climate Change, Justice and Future Generations*, Cheltenham: Edward Elgar.
Parfit, Derek, 2002, "Equality or Priority?" in Matthew Clayton and Andrew Williams (eds.), *The Ideal of Equality*, Basingstoke: Palgrave Macmillan, pp. 81–125.（＝堀田義太郎訳 2018「平等か優先か」広瀬巌編・監訳『平等主義基本論文集』勁草書房、131–205 頁）
Persson, Ingmar, 2008, "Why Levelling Down Could be Worse for Prioritarianism than for Egalitarianism," *Economic Theory and Moral Practice* 11(3): 295–303.
Rabinowicz, Wlodek, 2002, "Prioritarianism for Prospect," *Utilitas* 14(1): 2–21.
Sachs, Wolfgang and Tilman Santarius (eds.), 2007, *Fair Future: Resource Conflicts, Security and Global Justice—A Report of the Wuppertal Institute for Climate, Environment and Energy*, trans. by Patrick Camiller, London: Zed Books.（＝川村久美子訳 2013『フェアな未来へ：誰もが予想しながら誰も自分に責任があるとは考えない問題に私たちはどう向きあっていくべきか』新評論）
Schelling, Thomas C., 1992, "Some Economics of Global Warming," *American Economic Review* 82(1): 1–14.
Singer, Peter, 2004, *One World: The Ethics of Globalization*, 2nd ed., New Haven: Yale University Press.（＝山内友三郎・樫則章監訳 2005『グローバリゼーションの倫理学』昭和堂）
Seidel, Christian, 2012, "Klimawandel, globale Gerechtigkeit und die Ethik globaler öffentlicher Güter - einige grundlegende begriffliche Fragen," in Matthis Maring (Hrsg.), Globale öffentlicher Güter in interdisziplinären Perspektiven, Karlsruhe:

KIT Scientific, pp. 179–195.

Temkin, Larry, 2000, "Equality, Priority, and the Levelling Down Objection," in Matthew Clayton and Andrew Williams (eds.), *The Ideal of Equality*, Basingstoke: Palgrave Macmillan, pp. 126–161.

Vanderheiden, Steve, 2008a, *Atmospheric Justice: A Political Theory of Climate Change*, New York: Oxford University Press.

——, 2008b, "Climate Change, Environmental Rights, and Emission Shares," in Steve Vanderheiden (ed.), *Political Theory and Global Climate Change*, Cambridge, Mass.: MIT Press, pp. 43–66.

Young, H. Peyton and Amanda Wolf, 1992, "Global Warming Negotiations: Does Fairness Matter?" *Brookings Review* 10(2): 46–51.

明日香壽川 2015『クライメート・ジャスティス：温暖化対策と国際交渉の政治・経済・哲学』日本評論社。

井上彰 2017『正義・平等・責任：平等主義的正義論の新たなる展開』岩波書店。

宇佐美誠 2013「気候の正義：政策の背後にある価値理論」『公共政策研究』13号 7–19頁。

—— 2016「世代間正義の根拠と目標」楜澤能生編『持続可能社会への転換と法・法律学』成文堂、71–95頁。

第3章　部分的遵守状況における義務の範囲
——気候変動問題を事例として

佐野　亘

1　はじめに

近年、非理想状況における正義のあり方について活発に議論がなされている。非理想状況とは、正義を実現するのに必要な条件がそろっていない状況のことであり、こうした状況の下では正義にかなった制度やルールを一挙にすべて実現することができないため、具体的にどこから「手をつける」べきか、とりあえずいま何をすべきかが問題となる。現状から出発して理想のゴールにたどり着くには、どのような道筋をたどっていけばよいのか、またさしあたり何を優先すべきか決めなければならない。じつのところ現在なお、発展途上国のみならず先進国においても、また国際社会においても、正義を実現するための十分な条件が整っているとは言えず、われわれは非理想状況の下でいかにして正義を実現していくか考える必要がある。

非理想状況は通常、正義を実現する上で必要な次の三つの条件のうちの一つ、ないしいくつかが欠けている状況であるとされる。すなわち、①各主体が正義のルールを遵守すること（strict compliance）、②好ましい社会的条件（favorable conditions）が存在すること、③正義の状況（circumstances of justice）にあること、である（Arvan 2014）。このうちの「③正義の状況」は最もクリティカルな条件であり、そもそも正義について語ることが意味をもつような状況であるか否かに関わるものである。具体的にはたとえば、4人を乗せたボートが何も食べるものがないまま太平洋のまんなかで漂流している、といったケースが考えられる。こうした状況はあまりに過酷であり、そもそも正義について論ずること自体、意味をなさない可能性が高い。したがって、①・②の条件は、いずれも③の条件が満たされた上で問題になる条件であると言える。実際には世界には③の条件すら満たされていない国や地域が存在するし、①・②については、いまなお先進国を含めてじゅうぶんに満たされているとは言いがたい。

本章の目的は、このうちとくに①の条件、すなわち正義のルールの遵守に関する条件が欠けている場合、すなわち「部分的な遵守（partial compliance)」の状況にある場合、各主体はいかなる義務を負うべきかについて、気候変動問題を事例として、考察することである。よく知られているように、国際社会においては、ルールを強制する主体が基本的には存在しないため、正義にかなったルールが存在するとしても、それに従わない国が存在することになりやすい。そしてまさに気候変動問題への対応についても、いくつかの国が温暖化ガスの排出抑制に非協力的であり、大きな問題となっている。では、こうした状況の下、各国は、排出抑制を行わない（すなわち正義のルールを守らない）国の分まで「肩代わり」をして温暖化ガスの排出を減らすべきだろうか。以下では、こうした「肩代わり」の義務をめぐる議論状況を整理した上で、そのような義務が認められるとすればそれはどの程度のものなのか、また、それはどのような根拠で正当化しうるのかについて考察する。

なお本章では「本来はたすべき責任をはたすこと」と「正義のルールを遵守すること」を基本的に同じものとして扱うこととしたい。また、本来はたすべき責任をはたしている者のことを「遵守者」、そうでない者を「非遵守者」と呼び、責任をはたしていない主体が存在する状況のことを「非遵守状況」あるいは「部分的遵守状況」と呼ぶ。

2 「肩代わり」の義務への批判

(1) 議論の状況

気候変動問題に限らず、正義を実現するために複数の主体が共同して責任を負うべきであるにもかかわらず、その責任をはたさない主体が存在することは少なくない。たとえば、「町内の住民全員で毎月1回、地域の公園を掃除することになっているにもかかわらず、掃除に参加しない人がいる」というようなことは決して珍しいことではない。本章で問題としたいのは、「そもそも全員が掃除に参加すべきか」ということではなく、「全員が掃除に参加すべきであるにもかかわらず来ない人がいた場合、来なかった人の分まで他の人が責任を負わなければならないのか」ということである。むろん他の章（第2章、第5章、第6章）でも論じられているとおり、そもそも誰がどれだけの責任を負うべきか、についてはさまざまな議論がなされており、理論的にも実践的にも完全に決着がついているわけではない。気候変動問題の解決にあたって先進国がどれだけの排出抑制義務を負うべきかについては、いまなお議論が続いているところである。だが、本章では、こうした問題は扱わず、誰にどれだけの責任があるかについてはすでに決着がついており、公平な責任の配分がなされているにもかかわらず、その責任をはたさない主体がいた場合の他の主体の義務の範囲について論じることにしたい。なお、ここで問題とするのは、正当な事情や理由がないにもかかわらず責任をはたさない（ルールを守らない）ケースであって、たとえば「風邪をひいて掃除に参加できない」といったケースは想定していない。

では、こうした状況の下、各主体は、正義の観点から求められる責任をはたせばそれでよいのだろうか。あるいは、ルールを守らず責任をはたさない主体が負うべき負担まで「肩代わり」すべきだろうか。あるいは、そもそも他の主体が責任をはたしていないような状況では自分も責任をはたす必要はない、ということになるのだろうか。

まず、多くの論者は、第三の主張、すなわち他の主体が責任をはたしていない（ルールを守っていない）のだから自分もはたす必要はない、ということは、例外的状況を除いて認められないと主張している。たしかに現実には、「他の多くの人が脱税しているのだから自分も税金をごまかそう」とか、「他のドライバーもスピード違反をしているのだから自分も違反してかまわない」と考える人は少なくない。じつのところ周囲のほとんどの人々が日常的に賄賂を用いているような状況で、自分ひとり賄賂と無縁で生活するというのは、現実的に困難であるかもしれない。しかしながら、多くの論者は、こうしたとくに考慮すべき事情がある場合を除けば、責任をはたさない主体が存在するとしても、最低限、自分が本来はたすべき責任ははたすべきであると主張している[1)]。

では、本来はたすべき責任をはたすだけでなく、さらに責任をはたさない人の分まで肩代わりをすべきか否かについてはどうだろうか。この点について、一部の論者は否定的であり、肩代わりは道徳的に好ましいと言えるとしても、それは一種の徳として評価されるにとどまり、正義にもとづく義務とまでは言えないと主張している。またなかには、そもそも肩代わりは道徳的に好ましいことですらないとする論者もいる。これに対して、肩代わりの義務は一定の条件が満たされた場合には正当化可能であると主張する論者も存在する。というのも、後に詳しく述べるが、もし仮に、各主体がみずからがはたすべき義務しかはたさないとすると、結果的にきわめて悲惨な状況がもたらされたり、正義に反する事態が放置されたりするかもしれないからである。実際、気候変動問題についても、たとえばアメリカのような温暖化ガス排出大国がその責任をはたさない場合、他の国々が本来はたすべき責任をはたすだけでは、とうてい温暖化を食いとめることはできそうにない。一部の論者は、こうしたケースについては肩代わりは正当化されうると主張するのである。

さらに、こうした肩代わりの正当性をめぐる議論にくわえて、そもそも肩代わりなど必要のない状況を実現することが重要であり、そのために、各主体は、メンバー全員に責任をはたさせるための体制を構築する努力をすべきであるとする議論もある。こうした、いわば「遵守体制構築の義務」は肩代わりの義務に優先すると主張する論者もいるし、あくまで補完的義務にとどまるとされることもある（cf. Caney 2014; Cripps 2013; Maltais 2014）。

以下ではまず、肩代わりの義務を否定する議論がどのような根拠にもとづいて展開されているかを確認した上で、肩代わりの義務を正当化できるとすれば、どのような議論が可能であるか考察する。そして最後に、以上の検討を踏まえて、現在の気候変動問題に関して、いくつかの示唆を提示する。なお、「遵守体制構築の義務」については、紙幅の都合もあり、稿を改めて論じることにしたい。

(2) 肩代わりを否定する議論

部分的遵守状況において肩代わりの義務は存在しないとする議論は、おおむね次のような根拠にもとづいて展開されている。

第一に、責任をはたすべき主体がその責任をはたさない場合、それを他の主体が肩代わりするのはそもそも不公平である。誰がどれだけの責任をはたすべきか、についてはすでに決着がついている以上、各主体は単に自分がすべきことをすればよく、それ以上のことを行う理由はない（Murphy 2000）。非遵守者が存在することにより不正な状態が引き起こされたり、悲惨な状況が改善されなかったりしても、それはあくまで非遵守者の責任であって、遵守者には一切責任はないからである。たとえば、BがAのモノを盗んだとして、それをたまたまCが見ていたからといってCにはそれを取り戻してAに返す義務はない（Miller 2011: 239）。あくまで正義のルールを破った者がその責任を負うべきであり、無関係な者がその負担を負うべき理由は存在しない。くわえて、以下のようなケースでは二重に不公平である。すなわち、現在、深刻な不正が存在し、その状況を改善するために関係者すべてに一定の責任が課されているとして、もし仮に、そうした不正な状況を引き起こしたのは非遵守者の行為であり、かつ遵守者はそうした状況を引き起こしたわけではないとすれば、肩代わりは、過去の不正について責任のある者が、その不正によって生じる負担を責任のない者に押しつけることを意味するからである。

第二に、もし仮に肩代わりを正当な義務として認めるとすると、肩代わりしないことは道徳的義務の不履行であり不正ということになるが、それは直観に反するのではないだろうか。あえて肩代わりを行うことは、場合によっては、徳や人道的義務にもとづく行為として賞賛されることはありえても、強制可能な道徳的義務として認めることはやはり不適切である（Miller 2011:

240)。たとえば、非遵守者の存在により温暖化ガスが閾値を超え、カタストロフィックな状況を引き起こすことが分かっていたとしても、それは遵守者がさらに肩代わりを行う「理由」にはなりえても、「義務」の根拠とはならないのではないだろうか（Miller 2011: 242)。

くわえて、第三に、肩代わりの義務を認めると、遵守者にあまりにも重い負担を求めることになってしまうのではないか、とする批判もある。後に見るように、肩代わりの義務を認める論者は、肩代わりがなされないと不正な（あるいは悲惨な）状況がもたらされることを強調するが、では、こうした不正や悲惨をなくすための「善行」の義務はいったいどこまで認められるのだろうか。不正や悲惨を根絶することが絶対的に優先されるとすれば、われわれはそのためにあまりにも大きな負担を負わされることになりかねない。結局のところ不正や悲惨をなくすために各主体が負うべき義務の範囲は、公平な責任の分配の範囲にとどまると考えるほかなく、そうでなければ適切な義務の限界を決めることは難しいのではないだろうか。じつのところ現実には、ほとんどの人々は、不正や悲惨の根絶のためだからといって、それほど大きな負担を負おうとはしていない。たとえば、毎月いくらかのお金をアフリカの貧困諸国に送れば、ひとりの命を救うことができることが分かっていても、ほとんどの人はそこまでしていないのである（cf. Murphy 2000)。

第四に、遵守者が肩代わりを行うことは、非遵守者に対して誤ったメッセージを送ることになる恐れもある。肩代わりが義務として認められると、「自分がやらなくても誰かがやってくれる」という態度を助長することになり、結果的に不正な状態がさらに深刻化するかもしれない。そのうえ、こうした状況の下では、当初は責任をはたしていた主体までもが、他の主体が肩代わりしてくれるなら、ということで、途中から責任を放棄してしまう可能性もある。こうして次々に非遵守者が増えていけば、ますます正義の実現は困難になってしまうだろう（Cohen 1981: 73–74)。

第五に、肩代わりを行うことは、非遵守者を一人前の道徳的主体とみなさないことを意味する。わざわざ肩代わりを行う、ということは、本来責任をはたすべき主体の責任をうやむやにしてしまい、いわば「子ども扱い」することに他ならない。しかしながら、本来責任をはたすべき主体であるにもかかわらず、そのように彼らを扱うことは、彼らに対しても不正である（Miller 2011: 241）。

3　肩代わりの義務を正当化する議論

以上の議論に対して、肩代わりの義務を正当化することは可能であると主張する議論もある。先に述べたように、誰かが肩代わりをしなければ、大きな不正が是正されないまま放置されたり、看過できない悲惨がもたらされたりするかもしれない。だとすれば、やはり誰かがかわりにやらなければ、というのは、直観的には理解可能であるように思われる。実際に、気候変動が、とりわけ将来世代や発展途上国の人々、また動物などに対して（cf. 第８章）、きわめて深刻な被害を与える可能性は小さくない。もし仮に排出抑制に協力的でない国々の分まで他の国が肩代わりすることで、いくらかなりともそうした悲惨を避けることができるのであればそうすべきであるという主張は、それなりに説得的であるように思われる。たとえば、ゾフィア・ステンプロウスカは、殺人や窃盗など、正義の義務に違反する者が存在することにより深刻な被害が発生するような場合には、周囲の他の人々には被害者を助ける義務が発生する、と指摘し、このような議論が成立するのであれば、同様に、気候変動問題についても、非遵守者の存在によって発生する被害を是正する義務を他の主体が負うことになるはずであると主張している（Stemplowska 2015）[2]。他方で、先に見たように、肩代わりを正当化する議論には批判も根強く存在する。以下では、肩代わりの義務を擁護する議論を紹介し、どのような根拠にもとづいてそうした義務を正当化しようとしているのか、また肩代わりへの批判に対してどのように応答しているのか検討する。

（1）比較衡量論

肩代わりが必要であると主張される際には、たいてい肩代わりがなされなければ解決されない問題の深刻さが強調される。肩代わりの義務を支持する論者は、負担の公平性よりも、放置される不正義のほうが優先されるべきである、と主張する。つまり、肩代わりによって生じる負担の不公平と、肩代わりがなされないことによって生じる（あるいは放置される）不正義の深刻さを比較衡量し、後者のほうがより優先度が高い場合には、前者は犠牲にされても仕方がない、というのである。たとえばステンプロウスカは、気候変動問題が発展途上国の人々や将来世代の「緊急のニーズ（dire need）」を損なう可能性が高いのであれば、肩代わりの不公平それ自体は問題ではなく、肩代わりがあまりにも大きな負担にならないかぎり、肩代わりの義務が認められると主張している。そして、ステンプロウスカによれば、気候変動問題について、発展途上国や将来世代の緊急のニーズを保護する上で必要とされる肩代わりの大きさは実際にはさほど大きなものではなく、それゆえ先進国は積極的に肩代わりを行うべきであると論じている（Stemplowska 2015; Cripps 2013）。

さらに、こうした緊急のニーズをも満たせないような深刻な不正義の問題は、そもそも集合的責任の観点から論ずべきことではなく、各主体が個別的かつ直接に義務を負うと考えるべきであり、したがってそもそも負担の公平性ははじめから問題にならない、とする主張もありうる。たとえば、ピーター・シンガーは、水たまりで溺れている幼児がいるとして、さほどの負担なしに（服が汚れる程度で）その子を救うことができるとすれば、誰もが救う義務を負うと指摘する（Singer 1972）。すなわち、各主体は、個人の尊厳や権利に直接由来する善行の義務を負っており、誰がどれだけ負担を負うか、ということはそもそも問題にならないというのである。たしかに、たとえば、溺れている子の近くに3人の大人がいたとして、それぞれ1/3だけ責任をはたせばよい、ということにはならないだろう。ステンプロウスカによれば、不正義状況を是正したり、悲惨な状況を回避したりする集合的責任がまず存在し、それからその負担を各メンバーに公平に分配する、と考える必要は必ずしもなく、状況が深刻な場合には、各主体が直接に不正義や悲惨を改善する義務を負っていると考えるべきである。むろん、集合的責任にもとづく各主体の義務が否定されるわけではないが、それとは別に各主体が負うべき義務がある、というのである。

くわえて、肩代わりの義務は、とりわけ閾値があるようなケースでは、説得的であるように思われる。全体である一定以上の量の責任をはたさなければ、まったく効果がない、という場合、各主体がそれぞれにはたすべき責任をはたしているだけでは、結果的に誰も責任をはたさないのと同じことになりかねない。たとえば、自動車事故で自動車の下敷きになった人を救い出さなければならないとして、近くに居合わせた4人に救助義務があるにもかかわらず、そのうちの1人が協力しない場合、残りの3人がそれぞれ1/4の力しか発揮しない、ということでは結局、車は持ち上がらず、事故にあった人を救助できないかもしれない。こうしたケースにおいては、協力しない1人の分を他の3人で肩代わりをしてでも閾値をクリアすべき強い理由があると言えるだろう（cf. Miller 2011: 235)。実際、気候変動問題についても、具体的な数値が分かっているわけではないものの、理論上は温暖化ガスの量がある一定以上になると急激に深刻な状況におちいる可能性があることが指摘されている。仮にこうした指摘が正しいとすれば、各主体が本来はたすべき責任をはたしているだけでは閾値をクリアできず、その努力は結局むなしいものになってしまう。気候変動問題が現在こうした状況にあるとすれば、肩代わりはより正当化しやすくなりそうである。

以上の議論はそれなりに説得的であり、肩代わりの義務を認めない議論に対しても一定程度答えることができていると考えられる。緊急的なニーズに関わる深刻な状況に問題を限定し、緊急避難的な対応として肩代わりを認める、ということであれば、肩代わりに付随する諸問題も回避できそうだからである。また、非遵守者に対する不適切なメッセージになる、という議論も、緊急避難的措置として考えれば、それほど深刻な欠点とは言えないかもしれない。緊急避難的に肩代わりを行った上で、後から、その負担に関して非遵守者に金銭的な補償を請求することは当然に考えられることであり、肩代わりの義務を認める論者もそうした事後的請求をも否定しているわけではない。もちろん、現実には、多くの非遵守者はそうした事後的請求を拒否するかもしれないが、だとしても肩代わりを行うことがつねに不適切なメッセージとして受け止められる、ということにはならないだろう。

とはいえ、以上の正当化の議論はそれなりに説得的であるとはいえ、いくつかの疑問もないわけではない。第一に、程度の問題があいまいである。そもそも、どこまでを緊急のニーズとして認めるのか、理論的にも実践的にも「線引き」が困難である。また、肩代わりを認めるにしても、それがあまりにも大きな負担になる場合には認めないとする議論が多いが、どこからが「過大な負担」になるかも容易に決めがたい。たとえばリチャード・アーヌソンは、肩代わりをする主体が負うコストの大きさと、肩代わりによって実現されるベネフィットの「比」に注目して肩代わりの限界を決定すればよいと論じているが、なぜ「比」であるのか（「差」ではいけないのか）については十分な説明がなされているわけではない（Arneson 2004）。くわえて、同様に、「負担の不公平さ」と「もたらされる不正義」を比較衡量するといっても、どのようにしてくらべればよいのかも、はっきりしない。ステンプロウスカは「負担の公平性」が一つの価値であることは認めるものの、それが「もたらされる不正義」に対して辞書的に優先すると考える特別の理由はなく、ときに後者が優先されるべきケースがありうるとしているが（Stemplowska 2015: 6–8）、具体的にどのように比較すればよいかについて詳細な議論を提示しているわけではない。ステンプロウスカらは、緊急のニーズがきわめて切実であり、かつ肩代わりの負担がさほど大きくなく、また不公平の度合いもさほど大きくないケースに議論を限定することで批判をかわそうとしているように見える。しかしながら、その「大きさ」をいかにして測ることができるかは、実践上のみならず理論上も難しい問題である。とはいえ、このような、複数の不正義や不公正が存在し、かつ、それらを同時に是正できない場合には、こうした困難な比較の問題は必ず生じてしまう。非理想理論はまさにそうした状況を扱う議論であり、多くの議論がなされているところだが、いずれにせよ、単に「比較衡量する」というだけでは、やはりあいまいすぎるように思われる。

第二に、ステンプロウスカらが問題にするような状況についてはたしかに肩代わりが正当化されるかもしれないが、たとえば、緊急度がそれほど高くない場合や、肩代わりの負担がかなり重い場合にも肩代わりが認められるかがはっきりしない。先に示唆したとおり、緊急度はさほど高くないが肩代わりの負担が小さいため肩代わりが認められる、とか、緊急度が非常に高いためかなり重い肩代わりも認められる、といったケースもありえそうである。実際、気候変動問題は、きわめて緊急度の高い深刻な側面を有するとともに、そこまで深刻ではないが、それなりに重大な影響がある、という側面も有している。こうしたケースについても肩代わりが認められるか否かについては、ステンプロウスカらは明示的に議論しておらず、この点でもやや不十分であると考えられる[3)]。

(2) やれる人がやる

以上の議論に対して、集団的責任を集団メンバーに分配する際に、はじめから肩代わりの分を「上乗せ」しておくべき、とする主張もある。先に述べたとおり、そもそも肩代わりは、集団的責任にもとづく負担を各メンバーに公平に分配した上で、さらに余分な責任を負わせるか否かに関わるものであった。これに対して、集団的責任を各メンバーに分配する際、はじめから「公平性の観点」だけでなく、集団的責任をより効果的にはたすことができるか否かという「有効性の観点」も考慮すべき、というのである。簡単に言えば「やれる人がやればよい」ということであり、しばしば「ディープポケット」として表現される考え方に近い。各メンバーに対して公平な責任の分配を行ったとしても現実にはそれではじゅうぶんに責任がはたされない場合、追加的に「やれる人」に負担を負わせるべきであり、そういうものとして肩代わりは正当化できる、ということである。「最も重要なことは不正義を防止・是正することであり、そのためには、最も効果的に防止・是止できる主体がその責任を負えばよい」という発想にもとづくものであり、そもそも負担の分配の原則そのものを見直すべきとするものである。なお、サイモン・ケイニーは、ダレル・メレンドルフの議論をひきながら（Moellendorf 2002: 97–100)、このような考え方を「支払能力アプローチ」（'ability to pay' approach）と呼んでいる（Caney 2005: 769)。

じつのところ、先にみたステンプロウスカも、責任の分配は必ずしも公平性の観点からのみ行う必要はないと指摘している（Stemplowska 2015: 7）。また、ケイニーも同様に、非遵守者の存在によってじゅうぶんに温暖化ガスを削減できない場合は、経済的にめぐまれた主体がその分を肩代わりすればよいと主張している（Caney 2005）。そもそもデイヴィッド・ミラーによれば、救済責任（例：溺れている人を救う）は、六つの基準によって分配可能であり、どの基準が最もふさわしいかはときどきの状況による[4]。たとえば、溺れている人を救うべきなのは、その状況に因果的に責任を負っている人（例：うっかり後ろから海に突き飛ばしてしまった人）なのか、最も泳ぎが得意な人なのか、あるいは溺れている人の家族なのか、というのは、たしかに一概に言えないことである。たとえば、溺れている人のケースでいえば、本来は、道徳的ないし因果的責任を負う人（突き飛ばした人）が救助すべきだとしても、その人が泳ぎが苦手で、結局、溺れている人を救うのは難しいことが分かっているのであれば、近くにいる泳ぎの得意な人に救助の責任があると考えるべきかもしれない。

さらに、こうした議論に対して、責任の概念を根本的に見直すことで、こうした問題に答えようとする論者もいる。たとえば、ロバート・グッディンによれば、そもそも道徳的責任は、主体のもつ「弱さ（vulnerability）」に由来するのであり、したがってその主体に対して責任を負うのは、最もよくその「弱さ」に対応し、保護することができる者に他ならない（Goodin 1985）。したがって、溺れている子を救う義務を負うのは、近くにレスキュー隊員などがいないのであれば、たまたまそこに居合わせた、最も泳ぎが得意な人、ということになる。また、子どもの世話は、最もよくその責任をはたすことができるだろう親がすべきであるが、何らかの事情でそれができない場合には、代わりに最もよくその責任がはたせる主体が肩代わりすればよい、ということになる。それはたとえば親戚かもしれないし、地域コミュニティかもしれないし、あるいは近所に住む裕福な人かもしれない。もちろん政府でもよいわけである。

もし仮にこのような議論が認められるならば、上にみた比較衡量論とは異なり、必ずしも緊急のニーズでなくても、能力や資源がある主体が肩代わりを行う義務があると言えそうである。また、このような議論においては、そもそも負担の公平性は最初から問題にならないか、あるいは二次的な意義しかもたないことになり、比較衡量論が抱えるあいまいさを回避することができる。くわえて、こうした発想にもとづく政策や制度は実際に存在しており、直観的に理解可能である。たとえば、先に触れたとおり、いわゆる無過失責任の議論や「ディープポケット」の議論はこのような考え方に近く、とりあえず被害者を救済しなければならないとすれば、最もよくそれができる主体に責任を負わせるという発想にもとづいている。こうした議論はしばしば「その場しのぎ」で不公平であると批判されるが、帰結主義の観点を採用し、望ましい状態を実現することが最も重要であると考えるのであれば、必ずしもそのような批判はあたらないだろう。また、「『べし』は『できる』を含意する（ought implies can）」の観点からしても、「やれる人がやる」というのはさほど理不尽な議論ではないように思われる。

とはいうものの、先に触れたとおり、公平性ではなく有効性の観点から負担を分配したとしても、その後に、さらに義務をはたさない主体が出てくる可能性があり、その場合はさらにその分の「肩代わり先」を探す必要が生じてくる。「やれる人がやる」といっても、実際にはあまりにも多くの主体が義務をはたさない場合には、そもそもやれる人がいないこともありうる。また、とにかく「やれる人」にすべての負担を押しつける、ということにもなりかねない。また、「やれる人がやる」としても、「やれる人」が複数存在する場合には、その間での分配の問題が生じてくるし、そこでは結局、公平性の観点が重要になってくるかもしれない。

くわえて、そもそも、グッディンが主張するように、「弱さ」の程度と、それへの対応能力のみにもとづいて責任を分配するのは、やはり直観に反するケースがあるように思われる。「溺れている子を救う」というような緊急のニーズに関するものはともかく、そこまで緊急度の高くないものについては、やはり対応能力以外の観点から責任を分配したほうがよいのではないだろうか。たとえば、手に持っていたグラスをうっかり倒して、隣の人の服を汚したようなケースについては、当然のことながら、洗濯が得意な人ではなく、グラスを倒した人がその責任を負うべきだろう。また転倒して軽いケガをおった子どもについては、まずその親が責任をもってケアすべきだろう。結局のところ、上に見た比較衡量論と同様に、「やれる人がやる」という有効性の観点からの議論も、緊急のニーズについては肩代わりを正当化しやすいものの、それほど緊急度の高くないものについては正当化が困難であるように思われる。

(3) 共同責任

以上のように、これまでの議論においては緊急のニーズに関わるケース以外については肩代わりの義務を認めることは困難であった。これに対して、集団が「チーム」として責任を負う場合には、緊急のニーズに関わらないケースについても肩代わりの義務を正当化できるとする議論がある。

たとえば、ミラーは、ある集団がチームとして責任を負う場合には、そのうちの何人かのメンバーがじゅうぶんに責任をはたさないのであれば、他のメンバーがそれを補い、チームとして任務を全うすべきであることを認める。すなわち、チームとして責任を負う場合には、強い意味での共同責任（連帯責任）にもとづいて肩代わりの義務が発生する、というのである。それゆえたとえば、10人の隊員からなるレスキュー隊のうち、1人が怠けていた場合、9人で10人分の負担を負うべきことを認めるのである。先に述べたとおり、ミラーは基本的には肩代わりの義務を認めないのだが、こうしたケースについては認められるとし、その上で、一般的な非遵守状況の問題はこうした強い意味での共同責任が存在しないケースであると論じている（Miller 2011: 240）。

たしかに、レスキュー隊に限らず、多くの組織はそうした強い意味での共同責任を負うと考えられている。実際、国家や企業、学校といった集団は、単なる人の集まりではなく、集団として責任を負うものとして想定されている。たとえばジョエル・ファインバーグは、集合的責任を論じた古典的論文のなかで、次のような事例を示している。ある学生の大学院進学について教員間で議論があったが、積極的に賛成した教員が、入学後の指導も行うと主張したため、その学生の進学を認めたが、その学生が入学した１年後に、賛成した教員たちが死亡したり退職したりしてしまった。ファインバーグによれば、このような場合にも、その大学は、法的にはともかく、道徳的には依然としてその学生に対して適切な教育サーヴィスを提供する義務を負うという（Feinberg 1970: 249）。じつのところ、こうしたケースにおいては、責任はあくまで集団が全体として負うべきであって、その責任がはたされるべき対象（ファインバーグの事例における「学生」）にとっては、その集団内部で義務をはたさない者がいるかどうかはまったく「あずかり知らぬこと」だろう。責任を負う対象との関係においては、集団内に義務をはたさない者がいることは、チームとしての責任をはたさないことの正当な「言い訳」にはならないのである。

とはいえ、もちろん、そもそも集団それ自体が責任主体になりうるのかをめぐっては激しい論争がある。法的にはともかく道徳的にはあくまで個人のみが責任主体になりうるとする議論は根強い。たとえば、戦争責任をめぐって、ある集団が過去に行った不正行為に対する補償の責任について、直接にその行為に関係していない現在世代にまで責任をとらせることは不合理であるとする議論は繰り返し主張されてきた（cf. 本書第６章）。ここでそうした議論の詳細について触れることはできないが、本章で問題としているのは、そうした過去の行為に対する責任ではなく、これから何をすべきかに関する責任であり、したがって必ずしも過去の行為に対する責任の議論がそのまま当てはまるわけではない。再びレスキュー隊の例を用いれば、レスキュー隊員のうちの１人が隊としての活動中に不正な行為を行ったからといって、必ずしも他の隊員がその行為によって発生する補償責任を負う必要はないかもしれない。だが、こうした過去の行為に対する「後ろ向きの責任」の問題と、レスキュー隊がいままさに遭難している人を救助しようとしている際に問題となる「前向きの責任」の問題は性質が異なる[5]。ミラーも認めるように、いままさに遭難している人を助けようとしている際には、怠けている人の分まで他の隊員が責任を負うことは、それほど不合理なこととは考えにくい。

それゆえ、もし仮に、気候変動問題についても、現在世代が「チームとして」将来世代に責任を負っていると考えることができるのであれば、緊急とまでは言えないニーズが損なわれるケースであっても、肩代わりの義務が正当化できそうである。ただし当然に問題となるのは、そもそも現在世代を、レスキュー隊のようなチームとして捉えてよいのか、という点にある。さらにまた、気候変動問題は必ずしも現在世代と将来世代の間でのみ問題となるのではなく、現在世代内における先進国と発展途上国の間の問題としての側面も有するが、この場合も同様に、チームとしての責任の議論にもとづいて肩代わりの義務を正当化することができるのか、ということである。

ここで詳細な議論を行うことはできないが、結論だけ述べておくと、先進国が発展途上国に対してチームとして責任を負うと考えることは難しいが、現在世代がチームとして将来世代に責任を負うと考えることは可能であるように思われる。したがって緊急のニーズとまでは言えないニーズについての肩代わりの義務は、将来世代に対しては認められる可能性があるものの、発展途上国に対しては認めがたい、ということになる。その理由はおおむね以下のとおりである。

第一に、先進諸国がチームとして発展途上国に対して責任を負う、ということはやはり考えにくい。むろん先進国は、それぞれの国ごとに発展途上国に対して責任を負うことはありうる。たとえば、ある先進国が大量の温暖化ガスを排出し、それによって発展途上国に対して危害を加えているとみなすことができるのであれば、それについては責任を負うべきだろう。だが、複数の先進国がチームとして責任を負う、というのは、少なくともいまのところEUのようなケースを除けば、考えにくい。もちろん現在でもOECD（経済協力開発機構）のような先進国から構成される組織が存在しないわけではないが、これを理由に、すべての先進国が共同でチームとして途上国に対して責任を負っていると考えるのは、現実の制度のあり方などを踏まえるならば、少なくとも現状では難しいと思われる。たとえば、OECDは自由な意見交換や情報交換を通じて経済成長や貿易自由化、また途上国支援に貢献することが組織目的であるとされており、そこに強い「チーム性」を見出すことは困難である。むろん、公的な制度や組織が存在せずとも、インフォーマルに強い結びつきがあるような場合には「チーム性」が認められることもありうるが、先進国がとくに気候変動問題に関してそのような強固な関係にあるとは言いがたい。また、そもそも先進国というのはどこまでの範囲をさすのか、ということすらあいまいである。

第二に、これに対して、現在世代がチームとして将来世代に対して責任を負う、と考えることはひとまず可能であるように思われる。もちろん現在世代とひとことで言っても、経済状態も宗教も国籍も多様なさまざまな人々が存在するうえ、学校やレスキュー隊のように特定の明確な目的にもとづいて組織化されているわけでもない。ただ、その一方で、現在世代は、現実はともかく少なくとも理念としては、国連のような組織によって統合され、いちおうの意思決定の仕組みを備えている。もともと国連は第二次世界大戦の勝者による連合体としてスタートするが、その後、紆余曲折を経つつも、少なくとも理念としては、全世界を代表する唯一の正統な国際組織としての地位を確立している。国連憲章の前文では、「戦争の惨害から将来の世代を救」うべく、国際的な平和を実現すること、また基本的人権を尊重することが謳われるとともに、実際に、UNESCO（国連教育科学文化機関）やUNICEF（国連児童基金)、WHO（世界保健機構)、UNEP（国連環境計画）など、数多くの国連機関が、いままさに問題となっている世界的な課題に取り組むだけでなく、現在世代として将来世代に対する責任をはたすような取組みをおこなっている。もちろん現実にはじゅうぶんにその役割をはたせていないとしても、少なくとも理念としては現在世代がチームとして将来世代に責任を負うことが一般的に認められていると考えてよいように思われる。

また、こうした制度的な状況にくわえて、以下に示すように、理論的にも、現在世代は将来世代に対して、チームとして共同して強い責任を負っていると考えられる。そもそも国連のような組織や制度が存在し、将来世代に対する責任がその主要な理念の一つとなっているのも、現在世代と将来世代の間の特殊な関係にもとづくと考えられるからである。

(4) 特殊な関係にもとづく責任

筆者は、現在世代の将来世代に対する義務は、特殊な関係にもとづく強い意味での共同責任に由来するものとして捉えることが可能であり、それによって肩代わりの義務も正当化できると考えている。以下、順をおって説明しよう。

まず、ここで「特殊な関係にもとづく義務」として想定されているのは、いわゆる「関係的責務(associative duty)」のことではない。一般に、関係的責務は、家族や友人、国家など、密接な人間関係によって発生する相互的義務のこととされる。見知らぬ他人よりも自分の家族や友人、自国民を優先することは、道徳的に許容されるだけでなく、義務でもある、というのである(cf. 瀧川 2007a, 2007b)。だが、筆者がここで想定しているのは、このような「関係がある者同士の相互的な義務」ではなく、「親の子に対する義務」のような特殊な関係にもとづく一方的な義務である。むろん、親の子に対する義務をどのように正当化するか、また、その内容や程度はどのようなものか、についてはさまざまな議論があるが、さしあたりここでは(一般的な関係的責務論のように)密接な人間関係によって義務が生じると考えるのではなく、また遺伝にもとづく「血の絆」によって義務が生じると考えるのでもなく、そもそも、親が子を、本人の同意なくこの世に存在させたことによって発生する義務として捉えておきたい(Prusak 2013)[6]。そもそも、この世に生み出される子は、事前に出生を拒否することができず、生まれてからしばらくは手厚いケアなしには生き延びることすら難しい。しかも、しばしば人生はきわめて過酷である[7]。イマヌエル・カントによれば、「或る人格をその人格の同意なしにこの世にあらしめ、かくて専断的にこの世の中へもたらした」以上、「両親には当然また、彼らの力のおよぶかぎり、生まれた人格をしてそういう自分の状態に満足せしめるべき拘束性が負わされている」(カント 1966: 127)。むろん、カントが主張するほど強い義務を認めるべきか否かについては議論の余地があるとしても、義務を認める論拠としては妥当なものであると考えられる。なお、こうした議論に対しては、生まれてくる子の「仮説的同意(hypothetical consent)」が持ち出されることもあるが、そもそも存在しない者の同意を想定することは困難であるうえ、生まれてしまった後にそこから離脱する（すなわち自殺する）ことはきわめて負担が大きいことを考えると、安易に同意の存在を想定することは不適切だろう（cf. Shiffrin 1999）。

いずれにせよ、このような義務は、一般的な関係的責務とは異なり、相互性のない一方的な義務であるとともに、グッディンが主張するような、弱者に対する一般的な義務とも異なっている。「存在させた者」と「存在させられた者」の関係は非対称なものであり、その関係にもとづいて子に対する親としての役割や責任が生じてくるからである。また、それゆえに、その責任の内容や程度も、緊急のニーズに関わるような最低限のものにとどまるのではなく、親にとって可能な範囲で、一定以上の成長や自立、あるいは卓越の実現を含むと考えられる。

第二に、このような観点から責任を捉えると、たとえば、子の出生に寄与した両親は、強い意味で共同して（いわばチームとして）その子に対して義務を負うと考えられる。つまり、両親のどちらかがその義務をはたさない場合、もう１人の親は残りの半分だけ義務を負う、ということにはならず、可能なかぎり肩代わりの義務を負う、ということである。また同時に、こうした親の義務は、一般的な「子どもに対する義務」よりも重いと考えられる。たとえば、先に触れたとおり、グッディンは、子どもに対する義務の程度は、親がはたす場合も、たまたま近くに居合わせた人や政府がはたす場合も基本的に同じであるとしている（Goodin 1985）。しかしながら、「存在させたこと」にもとづく特殊な関係を踏まえるならば、両親は、たまたま近くに居合わせた人や政府などにくらべて、より重い義務を負うと考えるべきである[8]。たしかに先に述べたように、子どもが溺れているような深刻な状況の下では、義務の担い手は親でも政府でもかまわないし、その義務の程度も同じだろう。だが、こうした緊急のニーズに関わらない部分については、政府などが負う以上に、親は子に対してより重い責任を負う、と考えるのは妥当であるように思われる[9]。また同時に、緊急のニーズを満たすために負う負担の「許容限度量」についても、より大きなものになると考えられる。

第三に、こうした義務は、いわゆる「できちゃった婚（授かり婚）」のように、意図しない妊娠によりうまれた子であっても、引き受けなければならないと考えられる。というのも、ある男女が、妊娠可能性があることを認識した上で性交し、また妊娠が分かってからも、あえて人工妊娠中絶を行わなかったのであれば、親としての義務を自発的に引き受けたものと考えられるからである[10)]。したがって、ここで述べている特殊な関係にもとづく義務は、関係的責務のように、合意や同意なく発生する義務ではなく、あくまで同意にもとづく義務であると考えられる。しばしば関係的責務に対しては、合意や同意なく義務を負わせるのは不合理であるとする批判がなされるが、そのような批判は当たらないことになる。

以上のように、親は子に対して、非対称な特殊な関係にもとづく特別な義務を負うとすれば、現在世代と将来世代の間でも、それに類似した特殊な関係が存在し、それゆえに肩代わりの義務が付随するような、重い義務が生じると考えられないだろうか。すなわち、両親が自分たちの子との関係において共同して責任を負うように、現在世代は将来世代との関係において共同して責任を負うと考えられないだろうか。もしこのように考えることができるならば、緊急のニーズが損なわれるとまでは言えない状況についても、肩代わりの義務が発生すると言えそうである。ただし問題は、親の子に対する義務からの類推にもとづいて、現在世代の将来世代に対する義務を捉えることは適切か、ということである。以下、この点について検討してみよう。

まず、現在世代は、将来世代の存在について因果関係上の原因の一つとなっているだけでなく、将来世代を存在させることについて同意していると考えて差し支えないように思われる。少なくとも、人類は絶滅すべきと考える者や、実際に将来世代を残さないという決定をした国を除けば、将来世代が存在することについて同意し、現在世代としての役割を引き受けているとみなしうる[11)]。したがって、子どもをつくったカップルだけが将来世代に対して責任を負うというわけではなく、子どもをつくらなかった者についても暗黙のうちに将来世代が存在することについて同意していると考えられる。そして、親の子に対する責任と同様、将来世代が存在することへの同意は、一般的な他者への責任にくらべて、より重い責任をもたらすと考えてよいように思われる。奇妙な喩えではあるが、私たち現在世代にとって、将来の人類に対する義務は、将来地球に移住してきた「宇宙人」に対する義務より重いものとなるはずであり、その理由は、将来の人類が私たち現在世代と単に同じ遺伝子を有しているからではなく、将来世代を存在させたことについて責任を負うからである。

ただし、遠い将来世代については、現在世代の次の世代、またその次の世代、さらにその次の世代……にも因果関係上の責任があり、その意味では、現在世代が親とまったく同等の責任を負う、ということにはならないだろう。現在世代は、すぐ次の将来世代に対しては親と同様の責任を負うとしても、その次の世代に対してはいわば「祖父母」と同様の責任を負うにとどまると言えるかもしれない。ただし、とはいうものの、もし仮に、いままさに生じている問題について、早急に現在世代によって対応しなければ手遅れになり、結果的に非常に大きな負担を次の世代に負わせることになりかねないのであれば、現在世代はやはり重い責任を負うと考えられるだろう。また、次の世代に大きな負担を負わせるわけではなく、遠い将来世代のみに関わる問題であっても、現在世代の行為によって防ぐことが可能なのであれば、現在世代は相応の責任を負うと考えてもよいように思われる。将来世代の存続にコミットしているかぎり、遠い将来世代に対しても一定の責任を負うはずだからである。

なお、気候変動の影響は遠い将来までおよぶ可能性もあるが、さしあたり現在問題とされているのは、今後50年から100年程度の間に生じる被害であり、その点では、せいぜいのところ「次の次の世代」までの責任について考えておけばよさそうである。

4　気候変動問題への示唆

以上、ごく簡単ではあるが、肩代わりの義務の正当化可能性について論じてきた。以上の議論が認められるならば、気候変動問題への対応に関して、以下のような示唆を引き出すことができるだろう。

第一に、発展途上国に対しては、緊急のニーズに関わるものについては、肩代わりの義務が認められるものの、緊急のニーズに関わらないニーズについては、そこまでの義務は各主体は負わないと言える。これに対して、現在世代は、将来世代に対して特殊な関係にあり、それゆえに強い共同責任を負うと考えられ、それゆえに、現在世代は、将来世代にとっての緊急のニーズはもちろんのこと緊急とまでは言えないニーズについても、肩代わりの義務を負うことが認められる。したがって、気候変動問題についても、きわめて深刻な被害がもたらされることを避ければそれでよい、ということにはならず、より積極的に肩代わりを行うことが求められるだろう。じつのところ、気候変動はきわめて深刻な被害をもたらす可能性が高いものの、現実には現在想定されているほど悲惨なことにはならないかもしれない。また、そもそも気候変動は、極端に深刻な影響をもたらすだけでなく、広範な領域でさまざまな影響を及ぼしうる。これらの点を勘案するならば、緊急のニーズに関わらない被害についても肩代わりの義務が認められることには大きな意味があるだろう。

また、ここまでは基本的に温暖化ガスの排出抑制による「緩和策」を念頭に置いて議論を展開してきたが、気候変動問題への「適応策」についても、以上の議論は適用可能であり、意義を有すると考えられる。というのも、適応策についても、緊急のニーズについてしか肩代わりが認められないならば、ごく限られた範囲でしか対応が行われないことになってしまうからである。適応策についても緩和策と同様に、本来はたすべき責任をはたさない国があった場合には、やはり肩代わりは認められるべきであり、かつ、その範囲は緊急のニーズ以外のものも含まれるべきである。

くわえて、特殊な関係にもとづく義務が認められれば、肩代わりによって生じる負担の「許容限度量」は、一般的な道徳的責任における肩代わりの「許容限度量」にくらべて、より大きなものになると考えられる。じつのところ、適応策にせよ緩和策にせよ、その負担の大きさは、今後、現在想定されている以上に大きくなる可能性も否定できない。たとえば、エリザベス・

クリップスなどは、気候変動問題について、対応の負担はさほど大きなものにはならないことを強調しているが（Cripps 2013）、実際にはそれで済むとは限らない。特殊な関係にもとづく義務が認められるならば、現時点での想定以上に負担が大きなものとなるとしても、肩代わりが正当化できると考えられよう。

注

1）責任をはたさない主体がいた場合に、他の主体も責任をはたさなくてもよいケースとして、他に次のようなケースが考えられる。具体的には、閾値が存在するため、他の人々が責任をはたさない結果、みずからの行動によって状況を改善する見込みがない場合である。たとえば、事故によって自動車の下敷きになった人を救い出さなければならない、という状況で、近くにいた4人が同時に自動車を持ち上げなければ被害者を助けられないとしよう。しかし、にもかかわらず、そのうちの1人が手伝おうとせず立ち去ってしまったため、3人では自動車を持ち上げることができず、どうにもできない、ということがありうる。このような状況の下では、残された3人は救助の責任を負わない、とする議論がありうる（3人の努力はまったく役に立たないので）。

2）ただし、むろん、この二つのタイプの「被害」は性質の異なるものであり、同列に論じられないとする批判もある。ステンプロウスカは、そうした批判を紹介した上で、反論を行っている（Stemplowska 2015: 5–6）。

3）さらに肩代わりの義務を批判するリアム・マーフィは、緊急のニーズに関わるものであっても肩代わりを認めることはできないと主張している。池で溺れる子どもを救うようなケースについても、特別扱いすべき特段の理由はないとする（Murphy 2000: 127–133）。

4）ミラーによれば次の六つの分配基準がある。①道徳的責任、②結果責任、③因果的責任、④利益、⑤能力、⑥コミュニティ（Miller 2007: 100–104＝2011: 122–127）。なお、訳語は一部変更した。

5）過去に対する責任と将来に対する責任の間の差異、ならびに両者の関連性については近年多くの議論がなされている（e.g. Miller 2007＝2011; French and Wettstein 2014）。

6）もちろん養子の場合は、親は出生に関わっているわけではないため、このような理由によって義務を正当化することはできない。養父母の子に対する義務については、別の議論が必要であるが、ここでは論じない。また、子の親に対する義務についても論じない。

7）なお、近年では、出生それ自体が子に対する危害であり、したがって人類は子孫を残すべきではない、とする主張も真剣になされている（Benatar 2006）。

8）ただし、政府が積極的に子どもを産むことを奨励していたのであれば、存在させたことについて責任がある程度に応じて、政府も生まれてきた子に対して一定の責任を負うと言えるだろう。
9）ただし、ほんとうに、親は、子に無関係な人々や政府にくらべて、より重い義務を負うと言えるのか、については論争がある。たとえば、親の子に対する義務は、「生まれてきてよかった」と思える程度でじゅうぶんである、とか、ケアを放棄することにより危害をくわえているような状況にならない程度でよい、とする議論もある（e.g. Vallentyne 2002）。またファインバーグは、「開かれた未来（open future）」のための条件を整えることが、親の子に対する義務であると主張している（Feinberg 1980）。ただ、ファインバーグの議論に対しては、どこまですれば「開かれた未来」の条件を確保したことになるのかがあいまいであり、強い意味で捉えると、それは非現実的であり、弱い意味で捉えると程度や範囲が不明瞭になる、との批判がなされている（Millum 2014）。
10）ただし、妊娠が判明したのちに、女性は生むことを希望し、男性は中絶を希望した場合、男性にも親としての責任があるか、という問題は存在する。だが、ここではこの問題は論じない。
11）人類共通のプロジェクト、あるいは人類普遍の価値にコミットし、その存在が続くことを願っている者は共同事業にもとづく共同責任を負うと言える。第4章も参照のこと。

文献

Arneson, Richard J., 2004, "Moral Limits on the Demands of Beneficence?" in Deen K. Chatterjee（ed.）*The Ethics of Assistance: Morality and the Distant Needy*, New York: Cambridge University Press, pp. 33–58.

Arvan, Marcus, 2014, "First Steps Toward a Nonideal Theory of Justice," *Ethics and Global Politics* 7(3): 95–117.

Benatar, David, 2006, *Better Never to Have Been: The Harm to Coming Into Existence*, Oxford: Oxford University Press.

Caney, Simon, 2005, "Cosmopolitan Justice, Responsibility, and Global Climate Change," *Leiden Journal of International Law* 18(4), pp. 747–775.

——, 2014, "Two Kinds of Climate Justice: Avoiding Harm and Sharing Burdens," *The Journal of Political Philosophy* 22(2): 125–149.

Cohen, L. Jonathan, 1981, "Who is starving whom?" *Theoria* 47(2): 65–81.

Cripps, Elizabeth, 2013, *Climate Change and the Moral Agent: Individual Duties in an Interdependent World*, Oxford: Oxford University Press.

Feinberg, Joel, 1970, "Collective Responsibility," in Joel Feinberg, *Doing and Deserving*, Princeton: Princeton University Press, pp. 222–251.

——, 1980, "The Child's Right to an Open Future," in W. Aiken and H. LaFollette（eds.）, *Whose Child?*, Totowa, NJ: Rowman and Littlefield, pp. 124–153.

French, Peter A. and Howard K. Wettstein (eds.), 2014, *Forward-Looking Collective Responsibility, Volume XXXVIII* (*Midwest Studies in Philosophy*), Boston: Wiley-Blackwell.

Goodin, Robert E., 1985, *Protecting the Vulnerable: A Reanalysis of Our Social Responsibilities*, Chicago: Chicago University Press.

Maltais, Aaron, 2014, "Failing International Climate Politics and the Fairness of Going First," *Political Studies* 62: 618–633.

Miller, David, 2007, *National Responsibility and Global Justice*, Oxford: Oxford University Press.（＝富沢克他訳 2011『国際正義とは何か：グローバル化とネーションとしての責任』風行社）

——, 2011, "Taking Up the Slack? Responsibility and Justice in Situations of Partial Compliance," in Carl Knight and Zofia Stemplowska (eds.) *Responsibility and Distributive Justice*, New York: Oxford University Press, pp. 230–245.

Millum, Joseph, 2014, "The Foundations of the Child's Right to an Open Future," *Journal of Social Philosophy* 45: 522–538.

Moellendorf, Darrel, 2002, *Cosmopolitan Justice*, Boulder, Colorado: Westview Press.

Murphy, Liam B., 2000, *Moral Demands in Nonideal Theory*, New York: Oxford University Press.

Prusak, Bernard G., 2013, *Parental Obligations and Bioethics: The Duties of a Creator*, New York: Routledge.

Shiffrin, Seana Valentine, 1999, "Wrongful Life, Procreative Responsibility, and the Significance of Harm," *Legal Theory* 5: 117–148.

Singer, Peter, 1972, "Famine, Affluence, and Morality," *Philosophy and Public Affairs* 1: 229–243.

Stemplowska, Zofia, 2015, "Doing More Than One's Fair Share," *CSSJ Working Papers Series, SJ035, September 2015* (Center for the Study of Social Justice Department of Politics and International Relations University of Oxford) (http://www.politics.ox.ac.uk/materials/events/SJ035_Doing_More_than_Ones_Fair_Share.pdf).

Vallentyne, Peter, 2002, "Equality and the Duties of Procreators," in David Archard and Colin M. Macleod (eds.), *The Moral and Political Status of Children*, New York: Oxford University Press, pp. 195–211.

カント、イマニュエル（吉澤傳三郎・尾田幸雄訳）1966「人倫の形而上学」『カント全集　第11巻』理想社。

瀧川裕英 2007a「家族・友人・国民：政治的責務は関係的責務か？（1）」『大阪市立大学法学雑誌』54巻1号28–67頁。

—— 2007b「家族・友人・国民：政治的責務は関係的責務か？（2・完）」『大阪市立大学法学雑誌』54巻2号1–42頁。

Ⅱ　世代間の地平

第4章　未来世代に配慮すべきもう一つの理由

森村 進

1　はじめに

本章の題名の意味は〈現在の人々が遠い未来世代に配慮すべき理由としては、この問題に関する文献で普通考慮されているような純粋に道徳的な理由だけでなく、自己利益にもとづく理由もある〉という意味だが、その主張を展開する前に、まず私がこれまでこの問題について書いていたことを説明しておく必要があるだろう。

(1) これまでの私見

私は以前「未来世代への道徳的義務の性質」(森村 2006) という論文を発表して、われわれが未来世代に対して道徳的義務を負う理由とその義務の程度を検討した。その暫定的な結論は、「未来世代の人々の不幸への人道主義的な配慮が［道徳的義務の理由の］一番有望な動機で、そこからは「十分説」の提唱する義務が導き出されるだろう」(299) というものだった。

未来世代への義務の理由としては、そのような端的に人道主義的な考慮の他にも、未来世代がもつ権利あるいは彼らとの間の互恵性に訴えかける準契約主義的議論や、功利主義からの議論や、ジョン・ロールズの「貯蓄原理」もあるが、それらにはすべて難点がある、と私は論じた。未来の人々がどのような人々でどのような状況にあるかがまだ分からないという「非同一性問題」が未来の人々の同一性を不確定にするから、彼らがもつ「権利」や彼らが蒙る「被害」に訴えかけるアプローチを困難にするが、だからといって特定されない未来の人々に対してわれわれが負う義務には変わりがない、と考えたからである（Parfit 1984: ch. 16; Wolf 2012: sec. IV. 本書第5章も参照。しかし「人格の同一性」や「権利」や「被害」の概念を変えることによって非同一性問題の挑戦に対処しようとする論者もいる。Roberts 2013: 3638-3639を見よ）。また私は分配的正義の問題一般について、自分自身に責任がないかぎり誰もが（相対的な比較によらない絶対的な基準における）最低限の福利（welfare）を保障されるべきだがそれ以上の請求権を持たないし、平等な分配自体が目的とされるべきでもない、という十分説（sufficientarianism. その説を代表するFrankfurt 2015は最近邦訳された）を採るので、世代間の公平性の問題についても十分説を提唱した。

私はいまでもこれらの主張を変えるつもりはない。だから本章は森村2006にとって替わるものではなく、それを補うものと解されたい。ただし私はいまでは〈現在世代の利己的な政策や天然資源の濫用や環境破壊によって、未来世代の人々を窮乏に追いやってはならない〉という考慮は**人道主義**というだけでなく**正義**の名の下にも提唱できるだろうと考えている。

また未来世代の人々に対して保障すべきものはある一定の福利であって、現代世代と同等あるいはそれ以上の福利でない、という十分説の発想は、それ以後読んだ世代間正義に関する他の何人かの論考でも採用されているので意を強くした（Meyer and Roser 2009; Wolf 2012, sec. VIII; Nielsen 2013; 本書第2章。またRoser and Seidel 2017, ch. 7も参照）。未来世代に関する分配的正義の問題では非同一性問題が存在するために、比較対照すべき適切な基準値が十分性の水準以外には見出しにくいということが、十分説をいっそう魅力的にするのだろう（Meyer and Roser 2009, sec. 3）。またかつてロールズが『正義論』44節で世代間の正義の原理としてあげていた「貯蓄原理」が、未来の世代の状態が向上することを前提としているために楽観的すぎると考えられて説得力を失ったことも、一因になっているだろう（Mulgan 2014: 331-332. 本書第5章3（1）も参照）。

だがその「十分」の内容はいかに理解されるべきか？　私は前の論文で「将来の世代に保障されるべきものは、あれやこれやの特定の資源ではなくて、暮らし向きの一定の水準である」（森村 2006: 300）と書いたが、その「暮らし向き」をいかに理解すべきかについてはそれ以上書かなかった。というのも、私は福利に関する主要な3理論、すなわち快楽説と欲求実現説（欲求充足説）と客観的リスト説（Parfit 1984: Appendix C; 森村 2018）のうちどれをとるべきか決めていなかったからだが、いまでは福利に関する一般論としてはともかく、未来の人々については客観的リスト説がふさわしいと考えている。その理由もやはり「非同一性問題」によるものだ。つまり、彼らが感ずる快楽や彼らがもつ欲求がどのようなものかはまだよく分からないし、また狭く限定すべきでもないだろうから、人間が一般的に高く評価するものを彼らに遺すべきだと思われる（Mulgan 2014: 343）。

ただし以上は将来の世代の人口が一定だとした場合の話である。それを決められるとしたらどのような人口政策を採るべきかという、〈異なる人数の選択〉の難問については（Parfit 1984: chs. 17–19）、そのときもいまも解決案を見つけられていないことを遺憾とする。

(2) 気候変動の正義の特色

次に世代間正義論の中でも本書のテーマである気候変動の問題の特色を考えてみよう。二つの点が念頭に上がる。

第一の点は、未来の予測がとくに難しいのではないかということである。たとえば人口の変動はある程度まで人口統計から予測できるだろうし、資源量も決まっているから資源の枯渇も予測できそうだが、気候変化の方はすぐ後で述べるように、現在の気候温暖化がどの程度、またどの間続くか、気候変動の原因は何かについても科学者の間で論争があるようだ。しかしながらこの差は誇張すべきではないかもしれない。なぜなら資源の量も同様に決定されていないと言えるかもしれないからだ。たとえばごく最近のシェールガスの発見と利用はエネルギー資源問題に大きな影響を与えたが、この変化を予言できた人などほとんどいないだろう。また地熱発電や風力発電の将来も不確定だ。これらの点を考えると、仮に気候変動が人口や資源枯渇といったそれ以外の問題以上に未来予測が難しいとしても、それは程度問題だと言えよう。

第二の点は、気候変動は人類全体に同じような仕方で影響するのではなくて、その影響は地域ごとに大きく異なるということだ。たとえば温暖化は小さな島嶼を沈没させ、いまでさえ暑い地域での生活を困難にするなどして、ある地方に不利益を与えるだろうが、その一方で、これまで寒冷のため人が住みにくかった地域を居住しやすくし、凍土を農耕可能な土地に変えて別の地方には利益をもたらすかもしれない。地球温暖化についてはその害悪ばかりが語られてその恩恵は無視されがちだが、両者とも考慮にいれなければならない。いちばん身近な、東京にあるわが家の家計を考えてみると、（家族に寒がりが多いせいか）冷房費よりも暖房費、夏の衣料費よりも冬の衣料費の方がずっと大きいから、もう少し温暖化するくらいの方が家計は楽になりそうだ。しかしだからと言って、不利益と利益を単純に差引勘定すればよいということにはならない。地方によって、あるいは生業によって、（不）利益の程度は違うから、気候変動によって大きな不利益を蒙る地方の人々に対してはその補償が与えられるべきだろう。それだけでなく、温暖化のためにそれまでの土地に住めなくなるような人々には新しい居住地が国際的に提供されるべきだろう。この第二の点において、気候正義論は世代間正義とともにグローバル正義の問題でもある。

最後に、私は気候問題の専門家でないから地球温暖化論争について特定の科学的立場を取らないということも強調しておきたい。

①地球は産業革命以後温暖化している。②その最大の原因は人間の産業活動による温室化効果ガスの排出だ。③温暖化が急激に進んでいるので、人類にとって将来破滅的な事態にいたる。④だから二酸化炭素排出の大幅な削減といった何らかの強力な対策を講じる必要がある。――以上が国連の機関IPCC（気候変動に関する政府間パネル）をはじめとする主流派の気候変動学者の見解のようだ。温暖化の事実（①）はたいていの科学者が認めているようだが（ただし深井 2015 のような反論もある）、その原因（②）については人間活動以外の原因を重視する見解もあるようだし、その影響（③）ととるべき対策（④）についてはいっそう多様な見解がある。主流派の人々は自分た

ちの見解が学問的なコンセンサスであり、反対者や懐疑派は仮に自然科学者ではあっても気候変動問題の専門家集団に属さないとして無視するのが当然のように語る傾向がある。私が本章執筆の最終段階で入手した新刊書『オックスフォード・ハンドブック　環境倫理学』(Gardiner and Thompson 2017) は48の論文を収録する大部の包括的なハンドブックだが、気候変動懐疑論あるいは否定論の議論はどこにも言及すらされていないようだ。

だが上記の見解は、進化論と同じ程度にまで（素人の間ではともかく）学者の間で普遍的に受け入れられた定説というわけではない。岡本裕一朗の『いま世界の哲学者が考えていること』（岡本 2016）の第6章「人類は地球をまもらなくてはいけないのか」は、ビョルン・ロンボルクのような環境危機懐疑論を肯定的に紹介して、従来の地球温暖化論の考え直しを提唱する。また日本ではあまり報道されなかったが、2009年に英国のイースト・アングリア大学の研究者たちが気候変動研究に関してデータを操作した電子メールが公開されたことで端を発したスキャンダル「クライメートゲート事件」(これについて日本語で読める書物として Mosher and Fuller 2010) にも言及している。最も広く読まれているある気候変動の入門書は「クライメートゲート事件」について、有意義な比較をするためには生のデータに手を加えざるをえないのだから、批判を受けた気候科学者集団がしたことには何の不適切な点もなかったとして、それを騒ぎ立てたメディアとジャーナリズムの方が科学を理解していないと逆に非難している (Maskin 2014: 26–28)。

気候変動に関する議論の一部は論争的な調子がとても強くて、〈××は平気で嘘をつく狼少年だ〉とか〈○○は石油会社の手先だ〉といった、論敵への人格攻撃をも辞さない、というよりもむしろ好んで人格攻撃を行うものがある。さらにキャトリオナ・マッキノンという哲学者など、気候変動否定論は非科学的であり人間の安全保障への明確な脅威だから、リベラルな寛容の限度を超えており、ホロコースト否定論と同様許容されるべきでないとまで主張している (McKinnon 2016. 同様の主張として Roser and Seidel 2017: 25–29)。論者たちのこれほど感情的な態度を知ると私のような部外者は引いてしまって、「君子危うきに近寄らず」の態度を取りたくもなる。だが私は未来の世代への責任のゆえに気候変動問題を回避せず、本章では議論の都合上、主流派の上記の見解が正しいと一応想定しておく。

(3)「未来は別の国」

もう一つ別の問題を片づけておこう。私は2006年論文で未来の社会的割引率をゼロとした（森村 2006: 283-284）。というのは、私は自己利益の問題としては未来の割引＝時間選好が不合理だとは全然思わないが、「不偏主義的性格をもつ公共政策の問題としては、この場にいる人物の利益をよそにいる人物の利益よりも重視する理由がないように、現在の人々の利益を未来の人々の利益よりも重視する理由はない」（284）と考えたからだった。

ところが最近、この発想に反対するエリック・ポズナーの興味深い議論を知った。彼は「公機関は遠い未来の世代を無視すべきだ」（Posner 2014. 初出は2007年）という短い論文で次のように書いている。

> 数世代を超えたら、実効的な［未来の］割引率は無限であるべきだ。——つまり、規制機関は私が「遠い未来の世代」と呼ぶものの利益に何の重みもおくべきでない——たとえこれらの未来の世代に利益に等しい重みを与えることが、倫理的には適切だとしても（Posner 2014: 71）。

その理由はポズナーによれば、公務員は道徳的理想でなく現実の選挙民の求めることを行わねばならないからだ。それらの機関は議会からの授権を受けている。また遠い将来のアメリカ人は現在のアメリカ人とは大違いだから、民主的な政府が外国人の効用よりも市民の効用を重視すべきであるのと同様、遠い将来のアメリカ人よりも現在のアメリカ人を重視すべきだ。将来の効用は、外国人の効用と同様、それが現在の市民の効用のなかにはいってくる程度（たとえば2000分の1）で考慮されるべきだ。政府がその程度を超えて未来の世代のために規制すべきではない。かくしてポズナーは次のように論文を締めくくる。

> 諸機関が外国人の福利を向上させる規制を実施するための権威を何ら持たないのと同じように、それらの諸機関は現在のアメリカ人の選好から独立に、未来のアメリカ人の福利を向上させる規制を実施するための権威を持たない。未来は別の国なのだ（74）。

ポズナーの以上の議論に一定の説得力があることは否定しがたい。なぜなら少数のコスモポリタンは別にして多くの人々は、政府が外国の人々に対して自国民に対するのと同じ配慮をすべきだとは考えていないからだ。そして人々が同時代の外国の人々に対してもつ共感が、自国の過去や未来の人々に対してもつ共感よりも小さいということは十分考えられる。クラーク・ウルフはコミュニタリアンに反対して、〈われわれにとっては大昔の祖先との絆よりも遠い外国の同世代人との絆の方が強い〉と主張するが（Wolf 2012: 404–405）、ナショナリストにとっては反対だろう。たとえば現在の日本人は、いまアフリカに住んでいる人々よりも、自分たちの歴史と文化を共有している（と感じられる）自分たちの祖先や子孫である日本人に親しみを感じているだろう。われわれは難民の窮状に同情したり動物の虐待に反対したりするが、その現状の変化のために行動しないことが多い。

素朴な国民感情から理論的な見解に移っても、各国は自国の利益の最大化をめざしているしそれが正当だと想定する政治的リアリストならば〈外国の人権侵害は内政問題だから、わが国が出しゃばって介入する必要はない。それはその社会自身が解決すべき問題だ。わが国の政府は変な情けに動かされることなく国益を考えてリアリスティックに対応すべきだ。もし外国の人権侵害を非難することがわが国の国益に役立つならばそうすべきだが、役立たないならばそうすべきでない。わが国の政府は外国人のために利用されるべきではない〉と言うだろう。またロールズのように正義とは政治共同体の制度がもつべき徳だと考える人や、市民間の連帯義務を重視する共和主義者ならば〈愛国的な市民は外国の人権侵害を声高に非難するよりも、まず自国内部のそれをなくすように努めるだろう〉と言うだろう。リアリストも共和主義者も、諸国の政府が他の国々に対して積極的な援助の義務を負うとは考えないだろう。それはちょうど弁護士が「社会正義」を無視してよいわけではないが自分の依頼人の利益のために行動すべき義務を負うのと同様だ、と言われるかもしれない。それならば、現在の諸国の政府が、将来の人類一般の福利を向上させるべき義務を負うと考えることは難しい。その義務は民主的な決定によって認められたものではないからだ。

これらの立場は、現実問題として国民が外国の人々の状態にあまり関心を持っていないという事実と、〈政府は（全人類ではなく）国民の信託を受け、国民に責任を負っている〉という民主主義的思想とを考慮すれば、単純に無視できない立場だ。そしてこの立場を採るならば、ちょうど外国の人々の福利がその外国の政府の問題であるように、将来世代の福利は将来の政府の問題なのだから、現在のわれわれが配慮すべき必要はないというポズナーの主張は受け入れるだろう。

しかし私はこれらの立場に賛成しない。私は上記の意味でのリアリズムも共和主義もとらないし、国民感情が尊重されるべきだとしてもそれは普遍的な正義の要求に優越するものではないと考えるからだ。ポズナーの主張に対する可能な反論は、〈われわれは他の国の人々に危害を与えるべきでない義務を負うのと同様に、未来世代に対しても害悪を与えるべきでない義務を負う〉というものである。現在世代が将来世代に対して負うものは、援助を与える積極的義務ではなくて、加害行為を禁ずる消極的義務にとどまるが、その禁じられるべき「加害行為」のなかには、将来世代の生活水準をきわめて悪化させるような活動も含まれる。現在世代の人々を殺す爆弾をどこかに埋めることが許されないとしたら、遠い将来の世代の人々を同じくらい確実に殺す爆弾を埋めることも同様に許されないのである（Nolt 2017: 345–347. また未来の割引きに反対する、私には決定的とは思われない別のいくつかの理由として、Gardiner and Weisbach 2016: 79–82（Gardiner 執筆分）も参照）。

（4）本章の目的

最初に述べたように、私の以前の論文と異なる本章の目的は〈現在の人々が遠い未来世代に配慮すべき理由としては道徳的な理由だけでなく、自己利益にもとづく理由もある〉と論ずることにあるが、私がこのことに気づいたのはごく最近で、それはサミュエル・シェフラーがわれわれは自分の死後の人類の存続について大きな関心・利益を持っているということを示した、バークレイ・タナー講義シリーズの一冊『死と後世』(Scheffler 2013) を読んだからである。

この講義にコメントを加えたハリー・フランクファートは「[シェフラーは] 厳格に哲学的なコンテクストの内部で、いくつかの新しい問題を提起したように実際思われる。少なくとも私の知るかぎり、これまで誰一人としてこれらの問題をこれほど体系的に取り扱おうとはしなかったようだ。だから彼は哲学的探求の新たな沃野を実質的に開いたように思われる」(Frankfurt 2013: 132) と称賛しているが、私もそのような印象を受けた。もっとも後で指摘するように、シェフラーと同じような発想をもっと簡単だが彼より先に書いていた哲学者が複数いたことを私はその後知ったが、彼らもシェフラーほどその含意を入念に突き詰めて検討したわけではないから、『死と後世』の重要さがゆらぐことはない。

だがシェフラー自身はこの議論を世代間正義論につなげているわけではない。そこで私はそこからいかなる実践的含意が出てくるかを考えたい。

2　シェフラーの議論の紹介

(1) 後世に関する推測

シェフラーの『死と後世』は「後世 (第1部)」「後世 (第2部)」「恐怖と死と信頼と」という3講からなっているが、本章のテーマに直接関係するのは最初の2講だけなので、以下その議論を紹介しよう。シェフラーは次のように論ずる――。

ある人が自分の死後30日たつと人類が滅亡すると知っているという〈ドゥームズデイ・シナリオ〉を想像してみよう。そのときこの人は「深い当惑 (profound dismay)」を感じ、もはや多くの活動や経験にほとんど価値を見出せなくなるだろう。それらの意義は自分自身の死ではなく、人類の死滅によって失われる。

この推測が正しいならば、人は自分の死後も人類が存在し続けることに価値を見出していることになる。それは自分自身の子孫に対する配慮とはまた別である。人は自分のいなくなったパーティーが続くように、未来の人間社会も続き、自分もその一部に連なっていたいと望むのである。だからこそ人は未来に続く活動に参加しようとする。伝統への参加は単に過去とつながろうという保守主義だけでなく、死後の未来にもつながろうという目的からもなされている。かくして死後が自分にとって疎遠なものでなくなり、「個人化（personalize）」されることになる。だがこれらのプロジェクトは〈ドゥームズデイ・シナリオ〉においては不可能になってしまう。

ここで重要なのは特定の個人や集団の生存ではなく、人類の文明という一般的活動だ。そのことは次の思考実験から明らかになる。

誰も早死にしないが今後地上に子どもが１人も生まれなくなるという〈不妊のシナリオ〉を想像してみよう（シェフラーはここでP. D. ジェイムズの小説『人類の子どもたち』（James 1992）とその映画化から想を得ているが、同じような想定を持ちいっそう暗鬱なブライアン・オールディスのSF『グレイベアド』（Aldiss 1964）を知らないらしい）。その場合も〈ドゥームズデイ・シナリオ〉と同じように、人々は自分自身が早死にするわけでないからといって無関心ではいられず、社会の中でアパシーやアンニュイが蔓延するだろう。

> 通常われわれは、文学や芸術の鑑賞とか知識の獲得とかわれわれを取り巻く世界の理解とか欲望的快楽の享受とかいったものを、善き生の構成要素だと理解している。このことが意味するのは、われわれは全体としての人生の中のこれらの善の位置に関してある見解を持っている、ということだ。しかしジェイムズの思弁がわれわれを導く可能性、それは、「全体としての生」に関するわれわれの捉え方は、そのような生それ自体が、継続中の人類史において、生命と生成の時間的に拡張した鎖の中で、位置を占めているという暗黙の理解に依存している、ということである。もしそうだとすると、たとえば『ライ麦畑でつかまえて』を読む

とか量子力学を理解しようと努めるとかそれどころかすばらしい食事をいただくといった活動が、人類に将来はないということが知られている世界の中でも人々にとって同じ意味をもつ、と単純に当然視することはできないだろう（Sheffler 2013: 43）。

要するに、そこでは未来につながる芸術や学問の活動だけでなく、食事や自然鑑賞のようにそのときどきの経験の快楽を与える活動も、その価値の多くを失うだろう。この推測を「後世に関する推測（afterlife conjecture）」と呼ぼう。

後世に関するこの推測は次のような含意を有する。――自分を含めて、いま生きている誰もが遠くない将来死ぬということは何らカタストロフではないが〈不妊のシナリオ〉はカタストロフだということは、われわれの利己性は誇張されがちであり限界を持っているという事実を意味する。〈不妊のシナリオ〉がカタストロフだという判断は、単に最後の世代の人々の生活状態への憂慮だけから来ているのでもない。彼らの生活が安楽なものだろうとしても、それはやはりカタストロフなのだ（以上第1講）。

〈ドゥームズデイ・シナリオ〉と〈不妊のシナリオ〉から、重要なことは後世の存在に依存しているという発想が得られたわけだが、この発想は三つの異なったテーゼで述べることができる。第一のテーゼは、「**われわれにとって**重要なことは、後世の存在を**われわれが信頼しているということ**に暗黙のうちに依存している」という「**態度的**依存テーゼ（*attitudinal* dependency thesis）」であり、第二のテーゼは「それらの重要性は、後世の現実の存在に端的に依存しているのであって、それについてのわれわれの確信だけに依存しているのではない」と「**評価的**依存テーゼ（*evaluative* d. t.）」であり、第三のテーゼは「われわれが事物に重要性を与えることが正当化されうるのは、あるいはそれらの事物がわれわれにとって重要であるという十分な理由が存在するのは、後世が存在するときに限られる」という「**正当化的**依存テーゼ（*justificatory* d. t.）」である（シェフラーは言及していないが、この三つのテーゼはそれぞれ個人の福利・ウェルビーイングに関する快楽説・欲求実現説・客観的リスト説に対応しているようだ)。後世に関する推測は第一のテーゼを支持するが、第二と第三のテーゼまでも支持するとは限らない――もっともこの三つのテーゼは結びつきやすいが。また後世の存在への信頼に依存しないような価値も存在する。苦痛からの解放は明らかにそうだし、友情やレクリエーション的ゲームの価値もそうかもしれない。

後世に関する推測から次に分かることは、われわれの利己主義のみならず個人主義にも限界があるということだ。後世が存在するということをわれわれが気にするのは、人々の個人的な評価も暗黙の社会的な次元を持っているということを意味する。そこにおいては個々の個人ではなくて人類の生存自体が重要で評価の枠組みになると考えられているのである。

また、あるものを評価するということはそのものの保存を望むことであり、そして評価という活動は後世の存在に依存しているのだから、評価は経時的(diachronical)な現象だと言える。

この後世は昔からの宗教で重視されてきた個人的「後世(来世)」とは違う。後者が重要だと考えられてきたのは、①個人的な生存や、②死者やこの世に残してきた人々との死後の再会や、③賠償や復讐や正義の実現や、それと関連して④生きることの意義の存在、といった理由による。これらの要素はこの講義で取り扱っている人類の集合的な後世においては実現されない。しかし人は社会的関係のなかに位置を占めることを望むから、個人的不死が仮に可能であっても、それが孤立した自分一人のものならば欲しないだろう。われわれにとっては個人的後世よりも集合的後世の方がいっそう重要なのだ。

だがなぜわれわれはこれまで、自分たちにとって(個人的後世ではなく)集合的後世がそれほど重要だということに気づいていなかったのだろうか?それは集合的後世の存在が当然視されてきたからであり、また人間の利己性が過大視されてきたからでもある。集合的後世の存在の重要性は、未来の人々への責務とはまた別物だ。彼らは因果的にわれわれに依存しているが、われわれの価値は彼らの存在に依存している。そしてわれわれは死後彼らに因果的な影響を与えることができるが、その逆の関係は成立しない。このように考えるとわれわれはいっそう利己的でなくなる。われわれの多くはもし可能ならば、人類のなかで自分一人が生き残るよりも、自分が死んでも人類一般が生き残ることの方を選ぶだろう——（以上第2講）。

シェフラーは続く第3講で死への恐怖の性質を検討し、その恐怖には理由があるものの、人間の生は時間的に制限されたものとして意味を持っているのだから、集合的後世の存在とは反対に不死はむしろ人生から意味を奪うものだという議論をしている。だがその議論は理論的にも実践的にもとても興味深いが、不老不死の生が持ちうる価値を過小評価していると思われるだけでなく本章との関係が薄いから、本章では割愛する。

(2) シェフラーの議論へのコメント

以上紹介した「後世」に関するシェフラーの議論はどのように評価できるだろうか？

本節の最初に引用したフランクファートが言うほどシェフラーの議論は独創的でないかもしれない。『死と後世』を読んだ後で私が知ったことだが、すでに20世紀末にヘンドリク・ヴィセルトホーフトは未来世代への義務の根拠の一つとして「一次的善としての、未来への信頼」（Visser' t Hooft 1999: 142）をあげていた。また近年ではディーター・ビルンバッヒャーも、人は遠い未来の人々のために行動する、道徳的な直接的動機以外にも間接的動機を持っていて、そのなかには「自分の子孫への愛情、集団的忠誠心、世代を超えたプロジェクトと理想それ自体への高い評価、自分自身の有限な存在を、世代を超えた大義への寄与の『自己超越的』鎖のなかに埋め込むことによって得られる満足」があると述べている（Birnbacher 2009: 289–302. 引用は298から）。シェフラーの「後世」論はまさに未来の存在への信頼を一次的善とするものだし、世代を超えたプロジェクトを高く評価するものだから、シェフラーの発想は少なくとも彼ら2人によって先取りされていたと言える。シェフラーはおそらく彼ら2人の議論を知らなかったのだろう。しかしながら彼らと比較すると、シェフラーは自分の言うところの「態度的依存テーゼ」を二つの思考実験を通じていっそう説得的に提出し、その意味と含意を詳しく論じているということは否定できない。

シェフラーの『死と後世』には4人の哲学者によるコメントとそれらに対するシェフラーの回答も収められている。そのなかで最初の2講に関係する重要なものをいくつか紹介する。

第一に、シェフラーの「後世に関する推測」は誇張されているという批判がある（Frankfurt 2013: secs. 2–4, 7; Wolf 2013: sec. 2）。彼の想像する二つのシナリオにおいても、身体的安楽だけでなく多くの活動が価値を持ち続けるだろうというのである。だが私はこの批判はあまり重要ではないと思う。人々が自分の死後の人類の存在をどのくらい重視するかは人によって大きく違い、シェフラーが想定するほどには二つのシナリオにも動じない人も多いだろう。彼の想定は過大評価だったかもしれない。それがどのくらいの説得力をもつかは実証的に検証されるべき問題だ。しかし少なくとも私は彼の議論に大体説得されたし、そういう人は多いだろう。彼の依存テーゼの少なくとも第一のヴァージョンが妥当することは事実として否定しがたい。問題となるのはそれが妥当する程度にすぎない。

第二に、未来の世代の存在に対するわれわれの関心がどれだけ「非利己的」と言えるかどうかにこだわる論者もいる（Frankfurt 2013: sec. 6; Wolf 2013: sec. 1.; cf. Kolodny 2013: sec. 4）。われわれの知ることも感ずることもできない自分の死後の状態について関心と配慮をもつ人も、自分の目的や欲求の実現を目指しているという点ではやはり利己的だと言えるのではないだろうか？　だがこの問題は、シェフラー自身指摘しているように、かなりの程度まで言葉の問題にすぎない（Scheffler 2013: 177–181）。彼のいう「利己主義者」とは「自分自身の満足に大きなあるいは排他的な関心をもつ人」ではなくて――その意味ではほとんどの人が利己主義者だろう――、「その人の感情が、他の人々に起きることによって、決してあるいはほとんど決して、直接に影響を受けることがない人」（178）のことである。その意味ならば、「後世に関する推測」を認めるかぎり、大部分の人々は決して利己主義者ではない。自分自身と区別された家族や友人へのわれわれの配慮が「利己的」でないように、自分をその一員として含む人類の将来世代への配慮も利己的でない。だがその配慮は無私のものではなく、自分の生への配慮と結びついている。いずれにせよ私が本章で強調したいのは、そのように理解された将来世代への配慮と普遍主義的な正義の要請とは別物だ、ということである。

第三の問題。スーザン・ウルフは、宇宙的な観点から見れば人類もいつかは必ず絶滅してしまうのだから、超長期の絶滅を恐れないのに比較的近い将来の絶滅を恐れることは不合理ではないかと批判している（Wolf 2013: sec. 3）。この問題についてシェフラーは明確な結論に至っていないが（Sheffler 2013: 188–190）、私が思うには、人類が永遠に存在できないにしても、どれだけ存続できるかは大問題だ。人類がこれから1000年したら絶滅するか、それとも100万年で絶滅するか、10億年で絶滅するかは大変な相違である。それは人間がいつかは必ず死ぬからといって、若死にするか長生きするかは重要でないということにはならないのと同じだ。だから近い将来の人類の死滅の可能性を恐れながら超長期の人類の避けられない死滅を全然気にしないというありふれた態度は不合理でない。

第四に、シーナ・シフリンは「評価されるものを保存するのか、それとも評価することを保存するのか？」（Shiffrin 2013）というコメントにおいて別の論点を提起する。彼女の主張は、①〈シェフラーは、あるものを評価することと、そのものの存続を望むこととを同一視しているようだが、それは間違いだ。人はある伝統を評価しても、その消滅をやむをえないと思うことがよくある。真に怖ろしいのは理由もなしにプロジェクトが終わることだ。人が本当に求めているのは、個々のプロジェクトの存続よりも、評価という実践の存続だ〉、そして②〈われわれが集合的後世に関心をもつのは、自分たちが単に人類史の一員であることを望むからではなく、未来に続くプロジェクトの一部であることを望むからだ。その証拠に、われわれは自分たちの文化がこれまでどれほど昔から続いてきたかをあまり重視しないではないか〉という二つのものである。前者は評価に関する主張、後者は人類史の価値に関する主張として特徴づけることができる。

私はシフリンの両者の主張にかなり説得力を感ずるが、後者の主張の理由づけには疑問をもつ。というのは、私には尚古趣味があるせいか、他の点が同じならばいっそう古くから存在する文化の方に相対的に大きな魅力を感ずるからである。古典文化や伝統文化に関心をもつ人々の多くはそのような傾向を私と共有しているだろう。だから私はシフリンの後者のテーゼを、〈われわれが集合的後世に関心をもつのは、自分たちが人類史の一員であることを望むだけでなく、未来に続くプロジェクトの一部であることを望むからでもある〉という緩和した形で受け入れたい。

いずれにせよシフリンの二つのテーゼはともに気候変動問題への含意をもつ。この点について次の節で敷衍しよう。

3　シェフラーの依存テーゼの実践的含意

(1) 未来世代への配慮の増大

シェフラーの「態度的依存テーゼ」が明らかにすることは、われわれの大部分がみずからの死後の未来の人々の生存に大きな価値を見出しており、その関心は世代間正義論で普通想定されている、将来世代に対する無私の普遍主義的な配慮義務から来ているわけではない、という事実である。われわれの大部分は人類の存在をあまりにも当然視しているためにこの事実に気づいていないが、もしそれを十分に意識することになれば、将来世代に対するわれわれの配慮の念はいっそう大きくなるだろう。

このことは、強制的な手段や政策――それは正義の要求によらなければ正当化しがたい――によらなくても、人々が将来世代のために自発的に行動するようにできるという点で、自由を尊重する立場から望ましいことである。もっとも私はあらゆる人がそのような配慮の念を同じ程度にもつとは想定しない。シェフラーの言う「後世に関する推測」があてはまらないような人々も少なからずいるだろう。それはとくに、利己的な人々のなかでも純粋に快楽主義的な幸福感をもつような人々について言える。また歴史に無知な人々、とくに時間的・空間的に遠く離れた文化への関心と知識が乏しい人々についても言えるだろう。世界のなかには人類の将来の継続にあまり意味を見出さない社会――たとえば終末論的な宗教を信じている人々の社会――も存在するだろう。これらの事実が残念なことだと考える人々は、そのような人々への説得と意識向上活動を試みるべきだ。

(2) 配慮されるべき対象

だが未来世代に配慮すべきだといっても、具体的にいかなる配慮をすべきなのか？　シフリンの二つのテーゼが含意しているのは、後世に関するわれわれの自己利益の観点から重要であることは、個々の人間や集団の福利ではなく、また個々の文化の存続ですらなくて、人類全体の文明の存続だ、という結論である。〈不妊のシナリオ〉においては、誰も物質的生活水準や健康の点で不利益を受けるとは限らないが——それどころか、そこでの人々は有限な資源を後世に残さず消費してかまわないから、生活水準は向上するかもしれない——、それでも人類の滅亡は恐るべきカタストロフとみなされるだろう。だからといって、未来世代の福利への人道主義的義務が重要でなくなるわけではない。だがこの観点からの世代間公正論についてはすでに多くの議論がなされているし、私自身も前の論文で述べたところだから、本章では繰り返さない。

この判断は自己利益的観点だけでなく、グスタフ・ラートブルフのいう「超人格主義」（生の最高の価値は文化的活動と業績にあるという価値観）からも支持される。ただしシフリンによれば、重要なのは特定の文化ではなく、文化一般である。私も以前、次のように書いた。

> 人類史上たくさんの伝統文化が消滅し、その一方ではたくさんの文化が変化し、また新しく生まれてきた。この地球はたくさんの伝統文化を保護する生きた人類学博物館だと考えるなら、人々は自分が生まれおちた文化の中で純粋培養されて、祖先から受けついだかけがえのない伝統を将来に伝えていかねばならないということになるだろう。しかしむしろ世界は、人々がそれぞれの生活を送り、文化作品を創造し享受する場である（森村 2013: 254)。

たとえばコーンウォール語が絶滅しても、その産物が記録され、コーンウォールの住民が他の言語（この場合は英語）を使えるならば、それは文化的な悲劇ではない。

しかしそれでも、シフリンは人類の文明の存続という広いレヴェルを重視する一方で個々の文化の意義を過小評価しているのではないかという疑念も感じさせる。シェフラーもシフリンのコメントについて全体的には共感を示しているが、この点にだけは異論を述べ、もし将来人類と異質な宇宙人が人類の文明を受け継いでくれてもわれわれはそれだけで満足することはないだろう、という例をあげている（Scheffler 2013: 193-196）。

最近クレア・ヘイワードは、気候変動は環礁の住民のような特定の土地に根差した伝統的な生活様式を失わせる可能性があるから、気候変動への対応策として、たとえば移住民の特定の地域への集住を推進するといった政策によってそのような文化的喪失を最小化し、また仮に保全ができない場合でも有形・無形の文化を保存・記録しておくといったさまざまの仕方でその価値を顕彰すべきだ、と主張している（Heyward 2014; Heyward 2017）。もっとも彼女も気候変動による地域文化の喪失が一概に不正だと言っているわけではない。

（3）緩和あるいは保存、そして適応

環境倫理の分野では一般的に気候変動への対応として、「緩和（mitigation）」あるいは「保存（conservation）」と「適応（adaptation）」の２種類があるとされる。緩和・保存とは気候変動を減少・緩和させるために温室ガスの排出を制限しようとする政策を指し、具体的には自然資源の消費量を制限したり、さまざまの形態で汚染者負担原則（Polluter-Pays Principle 略してPPP）を採用したりすることを意味する。これに対して適応とは、人類が気候変動に適応することを言う。具体的には、気候変動に耐性のある穀物を栽培したり、防波堤を作るといった対応を奨励することになる。重要なのは資源の量それ自体ではなくて人類の生活の質だ、という発想は適応を支持するだろう（Nielsen 2012; Heyward 2014: 150-151; Brooks 2015）。

ただしこの二分法をとらない論者もいる。たとえばアレクサ・ゼレンティ

ンはこの2種類の対応に加えて「補償（compensation）」と「制度建設（institution-building）」をあげて全部で四つとする（Zellentin 2015）。だが私は「補償」の必要性を否定するわけではないが，それは〈未来世代への義務の理由〉という本章のテーマとは直接関係しないし，「制度設計」はその目的から緩和か適応のいずれかに分類できると思われるので，ここではこの二分法を踏襲する（また Risse 2012: 139–143 は過去の汚染の結果への対処だけを adaptation と呼んでいるが，これは通常の用語法とは違う）。

他に気候変動への第三のアプローチとして「地球工学（geoengineering）」があげられることもある（Gardiner and Weisbach 2016: 126–128（Gardiner 執筆）; Gardiner 2017）。これは惑星システム全体に対する大規模な科学技術的介入を意味していて，典型的には，硫酸塩を成層圏に投入して太陽光の照射を減少させることで地球温暖化を防止するといった手段が提案されている。だがこの方法はまだ内容が不分明であり，いまのところ現実性に乏しいので，ここでは無視してよかろう。

またトム・ブルックスは，保存アプローチも適応アプローチもともに恒久的な望ましい「目的状態（end-state）」を達成しようとしているが，気候変動は人間活動がなくても自然的原因によって大昔から起きてきたのだから，それはそもそも「解決（solve）」することはできず「管理（manage）」できるだけだ，と主張して，「目的状態」という発想を超えた気候変動問題の根本的な見直しを主張している（Brooks 2015: 145–146）。しかし保存アプローチと適応アプローチを比べれば，後者の方が気候変動の不可避性をずっと本格的に考慮できるだろう。保存アプローチに関心を集中すると，望ましい未来への対策以上に，過去の環境悪化の責任の追及という，きわめて論争的で決着をつけにくい，ときとして無益な——というのは，直接の責任者の大部分はすでに死んでしまったのだから——問題に関心が向けられかねない。そしてその場合，気候変動の責任はもっぱら近代の産業革命以降の化石燃料の利用活動に負わせられることが多い。だが最近気候歴史学者のウィリアム・ラディマンは，産業革命のはるかに前，農業の発明以来ずっと人類は程度の差はあれ地球を温暖化させていると主張している（Ruddiman 2016）。

最後に緩和と適応という両者のアプローチに戻ろう。両者の比較については、「問題が発生してからそれに対処するよりもその発生を防止する方が一般的によい」（Shue 2017: 466; Roser and Seidel 2017: ch. 4 も見よ）として緩和の優位を主張する論者もいるが、多くの論者は〈緩和も適応も両方とも重要だ〉という立場を採る。私もこの主張に反対するつもりはないが、相対的には保存あるいは緩和よりも適応の方がずっと重要ではないかと思う。というのは、世界的な気候温暖化の原因について科学者の間でも定説がない一方で、気候変動への適応の効果はもっと明確だからだ。マット・リドレーが言うように、

> 異常気象についての最も重要な事実は、世界人口が3倍になったにもかかわらず、洪水と旱魃と暴風雨による死者の数が、1920年代以上、93パーセント減っているというものだ。それは、気象の流れが弱まったからではなく、世界が豊かになり、以前より私たちがみずからをうまく守れるようになったからに他ならない（リドレー 2016: 363）。

また個々の文化よりも人類全体の文明の存続を重視する上記のシフリンの議論からしても、われわれの自己利益的な未来世代への関心の観点からは保存より適応の方が適切だということになりそうだ。具体的に言うと、気候変動のために移住を強いられる人々には補償が与えられるべきだが、その文化の保存までは必ずしも保証しないということになる。

しかしだからといって、私は緩和が重要でないというつもりはない。非効率的な資源の使用や環境の悪化は避けられるべきだ。だがそのためには、なるべく強制的な方法よりも人々の自由な選択を認める方法を採る方がよい。たとえば田舎でばらばらに大きな家に住むよりも都会でコンパクトな集合住宅に住む方がよほどエネルギーを消費しないから環境にやさしいライフスタイルなのだが、このことは啓蒙活動によって宣伝されるべきであって、過疎地域の居住の禁止や制限といった強制的手段によって強いられるべきではない。後者の方法は居住・移転の自由という基本的自由の侵害になるからであ

る。

追記

原稿提出後、シェフラーの新刊『なぜ未来の世代を気にかけるのか？』（Samuel Scheffler, *Why Worry about Future Generations?* Oxford: Oxford University Press, 2018）を入手した。シェフラーは「実践倫理におけるウエハラ講義」の一冊であるこの短い本の中で、未来の世代を気にかけるべき理由として、道徳的な「善行 beneficence」の理由だけでなく、われわれ自身にとっての「利益」、「愛情」、「評価」、「互恵性」という、四つの相互に関係する理由をあげるなど、『死と後世』第1・第2講で述べた主張をさらに整理し展開しているが、本章ではこの本の内容は利用できなかった。またそこで簡単に言及されている、未来世代との「互恵性」という理由づけについて、私は森村進「互恵性は世代間正義の問題を解決するか？」（松元雅和・井上彰編『人口問題の正義論』世界思想社、2019年）で論じた。

文献

Aldiss, Brian, 1964, *Greybeard*, London: Faber and Faber.（＝深町真理子訳 1976『グレイベアド：子供のいない惑星』東京創元社）

Birnbacher, Dieter, 2009, "What Motivates Us to Care for the（Distant）Future?" in Axel Gosseries and Lukas H. Meyer（eds.）, *Intergenerational Justice*, Oxford: Oxford University Press, pp. 273–300.

Brooks, Thom, 2015, "Why Save the Planet?" in Thom Brooks（ed.）, *Current Controversies in Political Philosophy*, New York and London: Routledge, pp. 138–147.

Frankfurt, Harry G., 2013, "How the Afterlife Matters," in Scheffler 2013: 131–142.

――, G., 2015, *On Inequality*, Princeton: Princeton University Press.（＝山形浩生訳 2016『不平等論』筑摩書房）

Gardiner, Stephen M, 2017, "Geoengeneering," in Gardiner and Thompson 2017: 501–514.

Gardiner, Stephen M. and David A. Weisbach, 2016, *Debating Climate Change*, Oxford: Oxford University Press.

Gardiner, Stephen M. and Allen Thompson（eds.）, 2017, *The Oxford Handbook of Environmental Ethics*, Oxford: Oxford University Press.

Heyward, Clare, 2014, "Climate Change as Cultural Injustice," in Thom Brooks (ed.), *New Waves in Global Justice*, New York: Palgrave Macmillan, pp. 149–169.

——, 2017, "Adaptation," in Gardiner and Thompson 2017: 474–486.

James, P. D. 1992, *The Children of Men*, London: Faber and Faber.（＝青木久恵訳 1993『人類の子供たち』（別題『トゥモロー・ワールド』）早川書房）

Kolodny, Niko, 2013, "That I Should Die and Others Live," in Scheffler, 2013: 159–173.

Lomborg, Bjorn, 2007, *Cool It: The Skeptical Environmentalist's Guide to Global Warming*, New York: Knopf.（＝山形浩生訳 2008『地球と一緒に頭も冷やせ！』ソフトバンククリエイティブ）

Maslin, Mark, 2014, *Climate Change*, 3rd ed., Oxford: Oxford University Press.

McKinnon, Catriona, 2016, "Should We Tolerate Climate Change Denial?", in Peter A. French and Howard K. Wettstein (eds.), *Midwest Studeis in Philosophy Volume XL: Ethics and Global Climate Change*, Boston and Oxford: Wiley Periodicals, pp. 205–216.

Meyer, Lukas H. and Dominic Roser, 2009, "Enough for the Future", in Axel Gosseries and Lukas H. Meyer (eds.), *Intergenerational Justice*, Oxford: Oxford University Press, pp. 219–248.

Montford, A. W., 2011, *The Hockey Stick Illusion*, Stacey International.（＝青山洋訳 2016『ホッケースティック幻想：「地球温暖化説」への異論』第三書館）

Mosher, Steven and Fuller, Thomas, 2010, *Climategate*, Create Space Independent Publishing Platform.（＝渡辺正訳 2010『地球温暖化スキャンダル』日本評論社）

Mulgan, Tim, 2014, "Utilitarianism and Our Obligations to Future People," in Ben Eggleston and Dale E. Miller (eds.), *The Cambridge Companion to Utilitarianism*, Cambridge: Cambridge University Press, pp. 325–347.

Nielsen, Witthofft L., 2013, "Climate Change," in Ruth Chadwick (ed.), *Encyclopedia of Applied Ethics, Vol. I*, 2nd ed., Amsterdam: Academic Press, pp. 467–475.

Nolt, John, 2017, "Future Generations," in Gardiner and Thompson 2017: 344–354.

Parfit, Derek, 1984, *Reasons and Persons*, Oxford: Oxford University Press.（＝森村進訳 1998『理由と人格』勁草書房）

Posner, Eric A., 2014, "Agencies Should Ignore Distance-Future Generations," in Austin Sarat (ed.), *Intergenerational Justice*, New York: International Debate Education Association, pp. 71–75.

Ridley, Matt, 2015, *The Evolution of Everything*, New York: Harper.（＝大田直子他訳 2016『進化は万能である』早川書房）

Risse, Mathias, 2012, *Global Political Philosophy*. New York: Palgrave.

Roser, Dominic and Christian Seidel, 2017, *Climate Change: An Introduction*, New York: Routledge.

Roberts, Melinda A. 2013, "Nonidentity Problem," in Hugh LaFollette (ed.), *The Encyclopedia of Ethics, Vol. VI*, Chichester: Wiley-Blackwell, pp. 3634–3641.

Ruddiman, William F., 2016, *Plows, Plagues, and Petroleum: How Humans Took Control of Climate*, with an Afterword by the author, Princeton and London: Princeton University Press.

Scheffler, Samuel, 2013, *Death and the Afterlife*. Oxford: Oxford University Press.

Shiffrin, Seana Valentine, 2013, "Preserving the Valued or Preserving Valuing?" in Scheffler 2013: 143–158.

Shue, Henry, 2017, "Mitigation," in Gardiner and Thompson 2017: 465–473.

Visser't Hooft, Hendrik Ph., 1999, *Justice to Future Generations and the Environment*, Dordrecht: Kluwer Academic Publishers.

Wolf, Clark, 2012, "Environmental Ethics, Future Generations and Environmental Law," in Andrei Marmor（ed.）, *The Routledge Companion to Philosophy of Law*, New York and London: Routledge, pp. 397–414.

Wolf, Susan, 2013, "The Significance of Doomsday," in Scheffler 2013: 113–130.

Zellentin, Alexa, 2015, "How to Do Climate Justice," in Thom Brooks（ed.）, *Current Controversies in Political Philosophy*, New York and London: Routledge, pp. 121–137.

岡本裕一朗 2016『いま世界の哲学者が考えていること』ダイヤモンド社。

深井有 2015『地球はもう温暖化していない』平凡社新書。

森村進 2006「未来世代への道徳的責任の性質」鈴村興太郎編『世代間衡平性の論理と倫理』東洋経済、283-302 頁。

—— 2013『リバタリアンはこう考える』信山社。

—— 2018『幸福とは何か』ちくまプリマー新書。

第5章　気候変動の正義と排出をめぐる通時的問題
――世代間正義を軸として

井上 彰

1　はじめに

地球環境の問題をめぐって議論が活発化している。とくに気候変動の深刻な影響は、科学的にもさまざまな角度から指摘されてきた。気候変動に関する政府間パネル（Intergovernmental Panel on Climate Change: IPCC）は、5～6年ごとにその間の気候変動に関する科学的研究を踏まえて、作業部会を設けて評価報告書を出している。第五次評価報告書（2013年）によると、気候変動の最も顕著な現象たる地球温暖化の原因が人為的なものである可能性は90% 以上で、その人為的な原因と切り離せない温室効果ガスの排出も、過去80万年間で前例のない水準にまで増加している。この影響は、世界の平均地上気温の上昇のみならず、海洋酸性化や海洋深層での水温の上昇にもつながっている可能性も指摘されている[1)]。

こうした地球温暖化を引き起こす気候変動は、われわれの生活をおびやかすものであることも分かっている。まずあげられるのは、人体への直接的な悪影響である。すなわち、第一に栄養不良による心身の不調（子どもへの影響）、第二に死、病気、負傷者の増加、第三に下痢性疾患の増加、第四に（オゾンの高濃度化にともなう）心臓呼吸器系疾患の増加、第五に伝染病の分布変化等が指摘されている（Arnold 2011: 9）。こうした影響は、地球温暖化によるメリット（寒さによる死の減少や、二酸化炭層の濃度が増えることで植物の生育に一定の望ましい効果をもたらすなど）を凌駕するものである。また、人体への直接的ではない影響も深刻である。たとえば、地球温暖化により沿岸低地帯の土壌汚染が深刻になるなどして、穏当な生活水準を維持することが困難な状況が生まれている。

重要なのは、こうした悪影響をもたらす気候変動が必ずしも線形的・累積的でない可能性である。気候学者が指摘しているように、大気中の二酸化炭素が中和されるまでには長期間かかる（200年〜300年）。それゆえ気候変動は、世代を超えて急激に起こることが想定される。この急激な変化自体、世代を大きくまたぐものであることから、現在世代の危機感を強めることなく、将来世代につけを回す風潮をつくり出しかねない。このように、（今日でもその予兆が垣間見える）急激な気候変動の可能性は、将来世代への責任転嫁（intergenerational buck-passing）問題にもなりうる（Gardiner 2011: chs. 5–6）。

こうした世代をまたぐ気候変動をめぐる問題に対し、規範的指針を示すのが正義論の役割である。とくにレレヴァンスがあるのは、世代間の配分問題や責任帰属・割当問題を扱う世代間正義論である。本章では、正義論のなかでも有力な議論と目されてきた契約論と現代の平等論——左派リバタリアニズム（left-libertarianism）と運の平等論（luck egalitarianism）——の世代間正義構想を批判的に検討し、急激な気候変動に対応しうる世代間正義論の構築に向けての足がかりを提供したい[2)]。

2　気候変動の正義をめぐる諸問題

気候変動を（世代間）正義の観点から扱う際に不可避に問われてくるのは、温室効果ガスの排出をめぐる問題である。冒頭でも確認したように、温室効果ガス（の増加）が害悪であることは、科学的知見からはもはや否定しがたい。となれば、温室効果ガスをいかにしてコントロールするかという問題が重要になってくる。この問題は、温室効果ガスの排出許容量をどのように配分すべきか、という排出をめぐる分配的正義の問題としてさまざまに論じられてきた。

(1) 排出をめぐる共時的問題と通時的問題

排出をめぐる分配的正義の問題は、大きく二つの問題に分けられる。すなわち、排出をめぐる共時的問題と通時的問題である。排出をめぐる共時的問題とは、地球上の現存するすべての人や地域、国に対し、排出量をどのように割り当てることが適正な配分か、という問題のことである。この問題は、先進国・途上国問わず、さらには赤道付近や沿岸低地帯に住む人々にも適理的に受容しうる排出の配分原理はどのようなものかを問う含意をもつ。排出をめぐる通時的問題とは、世代にまたがる排出の適正な配分に関わる問題のことである。それは、過去の排出（による気候変動）に対する責任（があるとして、それ）にどう対応すべきかという「後ろ向きの（backward-looking）」問題と、将来世代への影響を勘案しての排出のコントロールに関わる「前向きの（forward-looking）」問題とに分けられる。後ろ向きの問題は、おもに先進国において過去世代の排出に対し現在世代がいかなる責任をどの程度負う（べきな）のか、という問題として議論されてきた。前向きの問題は、現在世代の経済活動が将来世代に深刻な影響を与えることに鑑みて、いかに現在世代が将来世代の利益のために排出をコントロールしうるのか、すべきなのかという問題として議論されてきた[3)]。

本章でおもに扱うのは、通時的問題である。その理由は二つある。第一に、共時的問題をめぐっては、すでにさまざまな議論が展開・検討されてきたことがあげられる。たとえば、共時的問題に対応しうる配分原理として、人口一人当たりの平等な割り当てを謳うピーター・シンガーの議論や、すべての人に尊厳ある生のために必要な排出量が許容されるべきであるとするヘンリー・シューの議論、さらにはすべての国（関与者）は、排出削減の機会費用もしくは適応に必要な資源確保のための負担に反比例する仕方でコストを負うべきであるとするマルティーノ・トラクスラーの議論などが提起されている（Singer 2002: ch. 2＝2005: 第2章；Shue 2014: chs. 2, 4; Traxler 2002; Gardiner 2010: 16–19）。このように共時的問題に限れば、すでに有力な正義論が提起されているのである。とくにトラクスラーの議論は、先進国・途上国問わずすべての国が合意しうる公正な配分原理を支持するものとして提起されているだけでなく、指標としての実践性をも兼ね備えた、しかも集合行為問題を回避しうるような——ゲーム理論的に言えば「協力」や「裏切り」を公的にモニタリングできるような——特性をもつ点で、実効性・完成度の高い議論となっている（Traxler 2002: 126–131）。

より重要なのは、第二の理由である。すなわち、そうした共時的問題に取り組む議論の批判的検討を通じて浮かび上がる通時的問題との対峙の不可避性である。たとえば、生存のために必要な排出とそうでない排出を区別しえないシンガーの議論に比べ、尊厳ある生のために必要な排出量を正当なものとするシューの議論はより説得的である（宇佐美 2013: 13–16）。しかし、尊厳ある生の基準があいまいなことや寒冷地と温暖地で基本的ニーズにばらつきがあることを踏まえると（Caney 2012: 264）、生存のための排出を機会費用の最も高いものとして位置づけ（したがって、負うべきコストが小さくてよいと判定しうる）トラクスラーの議論の方が、より配分原理としての精度は高いと言えよう。しかしながら、途上国が先進国の過去の排出の問題を不問に付すはずがないし（Gardiner 2010: 15–16）、仮に過去の責任を不問に付して合意に至ったとしても、その合意事項（配分原理）が将来世代にどのような影響を与えるのかが問われてくる。すなわち、配分原理の適理性は、その将来世代への影響を無視しては成立しない。この点を踏まえるならば、排出の適正な配分原理は通時的問題をも射程に入れなければならないことが分かる。

(2) 世代間正義をめぐる非同一性問題と非互恵性問題

通時的問題が世代をまたいだ排出の配分問題であることは上記で確認したとおりである。そして、それはまさに世代間正義の問題に直結する実践的問題として、今日正義論において活発に議論されている。この問題を検討する上で、哲学的に無視できない根本問題がある。まず指摘できることとして、過去世代と現在世代が同一でないという事実がある。これは、なぜ過去世代の排出に対し現在世代が是正責務を負うのか、という問いに関わる論点である[4)]。より厄介なのは、現在世代と将来世代が同一でないという事実である。例証すると、われわれは、地球環境を破壊する経済活動にともなう排出を続けるか、それとも気候変動への影響を最小限にする排出コントロールを行うか、という二つの選択肢に直面している。問題は、われわれが前者と後者のどちらかを選ぶかによって、将来世代の構成メンバーがその人数にいたるまで異なってくる点だ。これがいわゆる「非同一性問題（the non-identity problem）」である（Parfit 1984: ch. 16＝1998: 第16章）。

非同一性問題が含意するのは、環境破壊的政策（X）の方が環境保全的政策（Y）よりも将来世代にとって悪い事態をもたらすと単純には言えないことである。なぜなら、Xによって生まれてくる将来世代（A）は、Yによって生まれてくる将来世代（B）とは、まったく異なる存在（群）だからだ。それゆえ、AにとってXがYよりも悪いとは言えないし、BにとってYがXよりも善いとは言えない。このことが意味するのは、ある変化が誰かにとって（不）利益にならない限り、その変化の善し（悪し）は確定しないとする個人影響原理（person-affecting principle）が世代間では通用しないことである。

個人影響原理は、パレート基準をはじめ、広く支持されてきた原理である。同様のことは正義論においても当てはまる（Temkin 2000: 132–136）。これまでの正義論では、人格も人数も同一であるという（暗黙裡の）前提の下、いかなる正義原理が適理的に受容しうるものかについての論戦が繰り広げられてきた。すなわち、正義原理の影響を受ける当事者が明確だったわけだ。しかし、世代間、とくに現在世代と将来世代間での排出の配分問題を検討するにあたっては、その前提を外さざるをえなくなる。すなわち、世代間正義を考える上で、非同一性問題は避けて通ることのできない問題なのだ[5)]。

関連する根本問題としてあげられるものに、非互恵性問題（the non-reciprocity problem）がある。非互恵性問題は、それが問題となる理論にとっては、非同一性問題よりも厄介かつより上位の問題である。先の例で確認すると、われわれが環境保全的政策をとったとして、その政策が将来の何者かは特定化しえないにせよ、将来世代の暮らし向きをよくすることは否定しがたい。それゆえ、将来の特定の人々ではなく将来世代一般への利益を比較評価する観点からすると、非同一性問題は解消する。だがその場合でも、将来世代はその恩恵に報いる仕方でわれわれ現在世代に対し何らかの貢献を行いうる存在ではないことは否定できない。

同様のことは、現在世代と過去世代との関係についても当てはまる。われわれは過去世代に対し、いかなる貢献もなしえない。ブライアン・バリーが言うように、「いま生きている人々は後から生まれてくる人たちの境遇をよいものにも悪いものにもできるが、後に生まれてくる人たちは現在世代に対し、助けることも危害を加えることもできない」(Barry 1989: 189) のだ。となれば、一定の協働関係を構築することでより大きな利益を生み出し、その利益をシェアする枠組みを支える互恵性は、通常の見方では世代をまたいでは成立しないことになる。

非互恵性問題が際立つのは、その問題性が現在世代と過去世代との関係でも鮮明になる点だ。互恵性は、協働関係にある当事者がその枠組みを支える義務を有する代わりに、協働により生み出される利益の応分のシェアを保障する理念である。しかし、過去世代が生み出した利益なり環境破壊なりに対し、過去世代なきいま、それがいかなる義務を生じさせると言えるのか。過去世代はわれわれ子孫に意図せざるかたちで利益をもたらしたり、端的に排出の害悪に無関心だったりしただけではないか。あるいは、勝手に子孫のことを考えて行動したり、「後の世代が何とかしてくれる」として気候変動という「負の遺産」を一方的に押しつけただけではないのか。もちろんいまとなっては、どれが真実かは分からないが、いずれの理解も排除できない以上、互恵性が現在世代と過去世代との間で成立するとは考えにくいと言わざるをえない (Page 2008: 563)。

このように非互恵性問題は非同一性問題よりも、それが問題となる理論にとっては、大きく影を落とす問題である。そして、非互恵性問題が問題となる理論こそ、互恵性を基本理念として成立する契約論 (的正義論) である。

3　契約論にもとづく世代間正義——正義に適った貯蓄原理をめぐって

契約論とは、原契約によって社会を支える原理を仮想的に構成する立場である。古くはトマス・ホッブズやジョン・ロック、そしてJ.-J.ルソーにまでさかのぼる議論だが、現代の契約論者を代表するのは、言うまでもなくジョン・ロールズである（Rawls 1971; Rawls 2001＝2004）。周知のようにロールズは、すべての自由かつ平等な人々が社会的協働によりより多くの利益を享受しうる互恵的関係――秩序ある社会（the well-ordered society）――を安定的なものにする正義原理を追求した。そして、その原理は原初状態（無知のヴェール下）にて合理的に採択されるとする「公正としての正義（justice as fairness）」の理論を提示したことで知られている。その正義原理とは、基本的自由を可能なかぎり等しく保障することを謳う第一原理と、公正な機会均等が保障され、その上で最不遇者に最大限の利益が行き渡っている場合、不平等は容認されるという第二原理（公正な機会均等原理と格差原理に分かれる）から成るものである。原初状態の当事者は自由かつ平等な存在であることから、第二原理が充たされても第一原理が充たされていない状態をよしとしない。それゆえ、正義の第一原理は第二原理に優先的に適用される（Rawls 1971: 302-303; Rawls 2001: 42-43＝2004: 75-76）。

このロールズ契約論（Rawlsian contractualism）の最たる特徴は、現存する契約当事者、すなわちわれわれが互恵的関係を構築しうることを所与として正義原理の選定を図る点にある。それゆえ、われわれが存在しない状況（歴史）を想定して、われわれにとって適理的もしくは合理的に受容しうる正義原理を探求することは、原理的に不可能である（Parfit 1984: 391-393＝1998: 534-536）。非互恵性問題は、その点を端的に示すものである。

もっとも、ロールズをはじめとする契約論者が、世代間正義の問題を無視したわけではない。その証左こそ、彼らが提起する正義に適った貯蓄原理（the just savings principle）である。

（1）正義に適った貯蓄原理①――ロールズ契約論

ロールズ契約論にとって非互恵性問題が深刻なのは、原初状態の特性に求められる。ロールズは原初状態の当事者に与えられている情報・知識として、資源の穏やかな稀少性の下で成立する合理性や、われわれの利他心には限りがあるものの、最小限の正義感覚に関しては備えているといったわれわれの心理性向を含む人間社会の一般的事実——正義の環境（the circumstances of justice）——を強調する（Rawls 1971: 137–138）。言い換えれば、人間社会の一般的事実だけを踏まえて、協働しうる関係を安定化させる正義原理を選定するための装置が原初状態なのだ。

問題は、その協働関係が世代間にも広がりうるのか、そしてその前提として、当の人間社会の一般的事実が世代をまたいで成立するのか、である。スティーヴン・ガーディナーが指摘するように、世代間協働は最初の世代の協力をとりつけるのが困難で、かつ、協働をしない（ゲーム理論的に「裏切る」）ことの誘因は、世代内の場合とは異なりより根本的かつ構造的に存在する。なぜなら、他のプレイヤーとなる将来世代が不在だからだ（Gardiner 2009: 90–93; Gardiner 2011: 36–37）。また、世代間正義の環境を規定する心理的一般性がはるか遠くの世代にも共有しうるものなのかについては、疑問が拭えない（Barry 1989: 192–194）。以上から、世代内協働を支える合理的・心理的動機を世代間で紛うかたなく共有しうる事実と見るのは困難である。ロールズ契約論が世代間正義の問題に応じるためには、こうした正義の環境の共有問題が重くのしかかってくる。

もちろんロールズ契約論は、原初状態という仮想的装置で正義原理を選定するところに表れているとおり、理想理論（ideal theory）としての正義論の構築を目指したものである（Rawls 1971: 245–246; Rawls 2001: 65–66＝2004: 112–113）。理想理論では、正義の義務を厳格に遵守しうる主体が想定されている。したがってそれは、われわれのありのままの心理的動機をベースとするものではない。となれば、正義感覚に代表される心理的動機の一般性は、半ば普遍的に見出される人間の心理性向を想定しての構想であると言えなくもない。この点を強調するならば、ロールズ契約論は少なくとも心理的動機に関する限り、世代間正義に対応しうる考え方であるように思われるかもしれない。

しかし、仮にそうだとしても、問題は正義の義務を部分的にしか、あるいはまったく遵守していない場合に求められる非理想理論（non-ideal theory）

において、非互恵性問題が重くのしかかってくることである。たとえば、正義の義務に違反した場合の刑罰や賠償（補償）は間違いなく非理想理論上のイシューだが、世代をまたいで成立するかどうかは簡単には言えない。素朴に考えれば分かるように、フリーライダーへのサンクション（の脅威）は、世代をまたいで効力を発揮しうるものではない（Heyd 2009: 180）。つまり、ロールズ契約論が仮に理想理論の次元で心理的動機の問題を克服しうるとしても、非理想理論の次元で非互恵性問題が待ちかまえているのである。

ではロールズ契約論は、非互恵性問題を中心とした世代間正義の問題にどう応答するのだろうか。まずロールズ自身による応答を確認しよう。ロールズは、秩序ある社会の維持のための資本蓄積を要請する正義に適った貯蓄原理によって、世代間正義の問題に応答しようとする（Rawls 1971: 284–293; Rawls 2001: 159–161＝2004: 279–283）。正義に適った貯蓄原理は、正義の二原理によって統御された秩序ある社会があらゆる世代で実現するための付加的原理で、現在世代が過去世代や将来世代のために過度の犠牲を求められたり、逆にその犠牲のうえに成立することのないようにする正義の制約原理である。

具体的にはまず、どの世代に属しているか分からない無知のヴェール下で、社会全体が貧しいかそれとも相対的に豊かかが分からない状態を想定する。その状態で人々は、自分がどの世代であっても秩序ある社会の一員であることを求める観点から、第一段階として、貧しい状態にあれば低い貯蓄率が、裕福な場合には相対的に高い貯蓄率が適用される貯蓄原理を選び、第二段階として、最終的に正義に適った制度が確立すれば純貯蓄を不要とするような貯蓄原理を採択する（Rawls 1971: 287）。この２段階の原理は、貯蓄率が世代を経るごとに実質的に上昇する蓄積段階と、秩序ある社会を恒久的に維持するために純貯蓄が不要な安定段階から成るものとして特徴づけられる（Gaspart and Gosseries 2007: 194; Attas 2009: 207）。この２段階構想により、いかなる世代の人々も無理なく遵守しうる正義の義務となりうる、というのがロールズの見立てである。

重要なのは、正義に適った貯蓄原理自体、互恵的関係にもとづくものではない点だ。むしろ、世代間では協働関係が成立しないことを前提にした制約原理である点に注意されたい。これは、貯蓄の恩恵が前の世代から後の世代への一方向性によって特徴づけられることに起因する。ではなぜわれわれ現在世代は、正義に適った貯蓄原理を採択するのだろうか。先に述べたように、われわれはどの世代に属していても秩序ある社会をめざす、というのが一応の理由だが、くわえてロールズは、原初状態の当事者は全世代の当事者ではなく同じ世代の当事者であると想定する。なぜなら全世代が集まる前者のモデルはファンタジーにすぎないからである（Rawls 1971: 139; Rawls 2001: 160＝2004: 280–281）。その理由が適切かどうかは措くとしても（Attas 2009: 196）、問題は同じ世代の当事者から成る原初状態での合理的選択が、なぜ異なる世代のために正義に適った貯蓄原理の採択になるのか、である（Hare 1975: 98）。

ロールズはこの問いに応えるために、原初状態の当事者の動機に関する想定に変更を加える。すなわち原初状態の当事者は、子孫との直接的関係（たとえば親子）から類推される後続世代への感情的なつながりをもつ、という変更である。これにより同世代から成る原初状態の当事者であっても、正義に適った貯蓄原理を採択する、というわけだ（Rawls 1971: 289–290）。

しかし、この動機づけの変更にもとづく正義に適った貯蓄原理の導出は、第一にアドホックな修正である。しかもその修正は、合理的動機や最小限の正義感覚といった人間社会の一般的事実だけに依拠する、という当初の議論と衝突する（English 1977: 92–93; Attas 2009: 198）。第二に、全員が家系的配慮を有するという想定は自然的なものではなく、特定の文化的価値に依存した想定である（McKinnon 2012: 36–37）。第三に、ターゲットとなる世代間が遠くなればなるほど、家系的配慮の想定には無理がある（Heyd 2009: 175–176）。第四に、仮に家系的配慮が自然的なものだとみなしうるとしても、そのことから将来世代への「正義の義務」をわれわれ現在世代に課す原理を引き出せるとする根拠が不分明である（Barry 1989: 192）。この第四の問題点は、正義に適った貯蓄原理が規範的原理であることを踏まえると、ロールズの議論にとって致命的なものである。

それでは、ロールズ契約論がとりうる道は他にないのだろうか。フレデリック・ガスパートとアクセル・ゴセリーズは、原初状態における当事者の動機に関する想定に変更を加えずに、正義に適った貯蓄原理を正当化することは可能だと主張する。ガスパートとゴセリーズによれば、正義に適った貯蓄原理は制約原理として別個に正当化する必要のないものである。まず蓄積段階において貯蓄が正当化されるのは、あらゆる世代の基本的自由を等しく保障することが何より優先されるからである。少し考えてみれば分かるように、現在の最不遇者にとって資本蓄積は、彼らの境遇改善をもたらすものとはならない。それゆえ貯蓄自体、最不遇者の最大限の改善を謳うマキシミン（格差原理）に反する。だがロールズの枠組みにしたがうならば、平等な自由の保障を謳う第一原理は第二原理の核となる格差原理に辞書的に優先する。それゆえ、平等な自由の保障のための貯蓄は正当化される（Gaspart and Gosseries 2007: 197–198）。

では、安定段階ではどうか。思い起こして欲しいのは、安定段階では純貯蓄が求められないことである。ガスパートとゴセリーズはその点をより徹底化させて、正義に適った貯蓄原理は安定段階では資本蓄積が生じるような貯蓄を禁ずると主張する。秩序ある社会が構築されている安定段階では、基本的自由の平等が保障されており、第一原理の優先的充足が求められることはないからだ。そうした状況で貯蓄を行うことは、その世代の最不遇者を犠牲にして後続世代のいっそうの境遇改善を図ることを意味する。このことは、世代をまたいで最不遇者と認定できる人々を犠牲にするという点で、マキシミン（格差原理）に反する。それゆえ、ロールズ契約論にしたがうならば、安定段階における純貯蓄は正義の観点から禁止されるべきものとなる（Gaspart and Gosseries 2007: 203–204）。

ガスパートとゴセリーズの議論の特徴は、原初状態の動機に関する想定に変更を加えることなく、正義の二原理の枠組みと諸原理の特性（とくにマキシミン）を踏まえて正義に適った貯蓄原理を正当化しようとした点にある。この議論が成功しているならば、正義に適った貯蓄原理は、秩序ある社会を揺るがすような気候変動を引き起こす資源利用を（現在世代の最不遇者を保護する名目であっても）容認することのない適理的原理としてみなしうるかもしれない。

だが、彼らの議論には問題がある。第一にガスパートとゴセリーズの蓄積段階に関する議論に注目すると、第一原理の第二原理に対する優先性が世代内だけでなく世代間にも適用されるというロジックに依拠していることが分かる。そのロジックには明らかに無理がある。同一世代における最不遇者は第一原理の優先性によってその恩恵を被るが、世代をまたぐ場合、蓄積が始まった頃の世代の最不遇者は、秩序ある社会とはほど遠い状態に直面している。したがって彼らには、第一原理の優先性にもとづく自由の保障が確約されていないのだ（McKinnon 2012: 38）。

第二に、ガスパートとゴセリーズの安定段階の議論を支えるものとして、将来世代が前の世代と同様、正義原理を遵守するという想定があることが分かる。しかし、将来世代が正義原理を遵守するか否かは、世代内での議論以上に不確定である。先に見たように、気候変動は必ずしも線形的・累積的に起こらずに、急激な変化をともなうことが見込まれる。となれば、劇的な変化が現れたときに非遵守状態が起こりうることを、世代内正義のとき以上に勘案しなければならない。すなわち、世代間正義を検討するにあたっては、おのずと非理想理論の比重が大きくならざるをえないのだ（Paden 1997: 47–48）[6]。となると、理想理論では純貯蓄が禁止されていても、実際には純貯蓄を奨励する方が適理的と言えるかもしれない。この点を踏まえると、理想理論の俎上でマキシミンに訴えるだけでは、純貯蓄を禁止する正義に適った貯蓄原理の規範性を十全に担保できないように思われる。

以上から、ロールズ契約論にもとづく正義に適った貯蓄原理は、ガスパートとゴセリーズの洗練された議論をもってしても、適理的に受容しうる世代間正義の原理とは言えないことが分かる[7]。

(2) 正義に適った貯蓄原理②――合理的契約論

正義に適った貯蓄原理は、ロールズ契約論の専売特許ではない。実際、世代間協働は利益の供与・授与の関係が一方向的であっても成立するという間接的互恵性（indirect reciprocity）に根ざした貯蓄原理も提唱されている。この協働（互恵性）の捉え方は、自己利益を追求する主体が、最大限の利益を享受しうる戦略的均衡を目指して（抑制的に）行動することによって、相互により望ましい帰結が導かれるという想定にもとづいている。その背景には、直接的な互恵的関係を基礎づける正義感覚にではなく、（最大限の利益をえるために）抑制的に利益を追い求める動機に訴える原理こそが安定的な正義原理としてふさわしいとの考え方がある。この考え方にもとづいて世代間正義の問題を追求するのが、ホッブズの契約論を起源とする合理的契約論（contractarianism）である。

現代の合理的契約論者を代表するのが、デイヴィッド・ゴーティエである。ゴーティエは、相対譲歩ミニマックスの原理（the principle of minimax relative concession）により協働の余剰利益が最大になることを踏まえて、当該原理にしたがうことで相対的利益の公正な配分が規定されると主張したことで有名である（Gauthier 1986: ch. 5＝1999: 第5章）。この合理的契約論の構想が世代間正義に及ぼす含意について、ゴーティエは次のように述べている。

> 相互に利益をもたらす協働は、異なってはいるものの部分的に重なり合う世代を直接的に含んでおり、このことが歴史を通じて伸びる協働の間接的な連結を創出する。各人は自分より以前の世代と協働する条件を検討するとき、後の世代とも同様の条件を確定する必要があることを念頭に置かなければならず、引き続き後の世代もさらに後の世代のメンバーと協働する必要性を念頭に置かなければならない。このようにして各人は、たとえ同時代人と合意する際にこれから生まれてくる人々のことを考えることなく世界の資源を使いはたしてしまうことに同意する用意があるとしても、ときが経っても何らかの合意を続けていく必要がある。したがって、死去する人々との合意が消えてから誕生する人々へと合意を拡張していく必要があることから、合理的人間同士で合意の条件がつねに一定であることが保障され、それゆえに世界の資源を使いはたすような選択肢が合意によって採用されることはありえない。どの時点で生きようとも、人々は仲間との相互作用によって以前の人々が享受してい

> たものと同じ相対的利益を期待しうるはずであり、この同じ相対的利益は引き続き後世の人々によって享受されていくだろう（Gauthier 1986: 299＝1999: 351-352）。

この議論をゲーム理論を用いて換骨奪胎し、正義に適った貯蓄原理を世代間正義の原理、ひいては気候変動の問題に対応しうる合理的契約論の正義構想として提唱したのがジョセフ・ヒースである（Heath 1997; Heath 2013）。ヒースは気候変動による不利益を囚人のディレンマ（PD）で言うところのパレート準最適均衡（Pareto-suboptimal equilibrium）――誰か一人は必ず損をし、誰にとっても好ましくない状態――として位置づける。具体的にそれは、前の世代の資源浪費（裏切り）が後の世代の浪費（裏切り）を生むカタストロフィである。しかしゲーム理論の知見を踏まえると、協働（協力）によりカタストロフィは避けられる。とくに、情報伝達型の繰り返しPDでは（最古参のプレイヤーは次のラウンドがないので裏切るが、それ以外の）各世代は協働する姿勢をみせる。その最適均衡を導くのが、相手が裏切ったら永久に裏切るという容赦なしのトリガー（grim trigger）戦略である。なぜなら、情報伝達型の繰り返しPDでは、各プレイヤーは協働の成功の歴史を踏まえて将来の協働の利益を計算し、それが裏切りによる１回限りの利益を上回る限り、協働し続けることが合理的になるからだ（Heath 2013: 42-48）[8]。

このようにヒースは、情報伝達型の繰り返しPDで合理的に追求しうる協働を世代間で起こりうる協働として捉える。このゲームで世代が重なっているのは一部である。だが、このゲームでは新しいプレイヤー（将来世代）が選ぶ行為に対する合理的期待にもとづいて協働が続いていくことから、第一にプレイヤー（各世代）の同一性は問題にならない点、第二に将来世代がヴァーチャルな協働参加者として位置づけられる点、第三にゲームの永続性さえ担保されていれば協働は未来永劫続いていくと考えられる点、以上から間接的互恵性にもとづく世代間協働が成立する。

問題は、このゲームにもとづく世代間協働が実現可能性を兼ね備えたものであるのかどうか、である。ヒースは賦課方式型年金を例に、世代間協働のリアリティを強調する。賦課方式型年金の特徴は、第一に掛け金は自分のためであって後続世代のためではないこと、換言すれば、新しい世代が年金システムを支えるのは、年老いたときにその世代よりも若い世代に同様の協働的行為を期待しうるからであること、第二にそのシステムの永続性が謳われていることである（Heath 2013: 50–51）。以上を踏まえて世代間正義を捉え直すと、現在世代にとっては資源浪費的な環境破壊的政策をとらずに、正義に適った貯蓄をすることで協働の利益の分け前にあずかる方が得策であることが判明する。ヒースによれば、その分け前を最大化する原理こそ、われわれが合理的に支持しうる正義に適った貯蓄原理である。その原理にしたがって、気候変動による影響に対して対応できるような貯蓄（≒投資）を持続的に行うべく、穏当なインフレ率をともなう経済成長を志向する方が現在世代にとって合理的なのだ（Heath 2013: 60–65）。

このヒースの合理的契約論にもとづく世代間正義の構想は、一方向的な利益供与・授与の関係を互恵性と抵触しないものと位置づけることから、非互恵性問題を回避しうる正義原理となっている。さらには、賦課方式型年金システムを範としていることから、現在世代が無理なく参画しうる、実現可能性を兼ね備えた正義に適った貯蓄原理ともなっているように見える。

問題は、ヒースの構想が定常状態を前提にするものである点だ。このことは、もし急激な気候変動に将来見舞われる可能性があるとしたら、この原理が促す貯蓄だけでは対応仕切れない可能性を含意する。冒頭で確認したように、そのリスクが無視できるものでない以上、ヒースの貯蓄原理は合理的に採択可能だとは言えない。周知のように、賦課方式型年金システムは、一定の人口増加が見込める場合には維持可能だが、そうでない場合には維持が困難である。まさに、ヒースが例として出す賦課方式型年金の維持を可能にする定常状態が、正義に適った貯蓄原理を支える前提にもなっているのだ。その前提が崩れる可能性は、急激な気候変動の見込みを踏まえると決して低くはない。となれば、自己利益を追求する人々にとって、裏切る（貯蓄をしない）ことが合理的になってしまう。

以上から、合理的契約論にもとづく正義に適った貯蓄原理の場合も、われわれが受容しうる原理だとは言いがたいことが分かる。

4　現代の平等論にもとづく世代間正義論

前節では、契約論にもとづく世代間正義論が、気候変動に対応しうる正義論かどうかについて検討した。それにより明らかになったのは、正義に適った貯蓄原理は非互恵性問題を回避するために提示されていることである。ガスパートとゴセリーズにしてもヒースにしても、一方向的関係によって特徴づけられる世代間に直接的な互恵性の成立を求めない議論を展開している。ところが、気候変動の急激な変化が一定程度見込まれる状況においては、漸進主義的対応を含意する正義に適った貯蓄原理では限界がある。これは、正義に適った貯蓄原理が直接的な互恵的関係にもとづく定常状態を前提にしたモデルであることに起因する。

そこで本節では、直接的な互恵的関係にもとづく定常状態を前提としない世代間正義論を検討する。今日において定常状態を前提としない正義論として著名かつ有力なのは、左派リバタリアニズムと運の平等論である。いずれも、平等に内在的価値を見出し、その価値を中心に自己所有権もしくは運（選択）に道徳的ウェイトをおく正義論として位置づけられる議論である。

（1）左派リバタリアンの世代間正義論

左派リバタリアニズムは、リバタリアニズムと平等主義との両立を謳う立場である。左派リバタリアニズムは、自己所有権（self-ownership）テーゼを基点とする自己所有権型リバタリアニズムの一種である。自己所有権は、自分の心身の紛うかたなき所有権を謳うもので、あらゆる権原の基本的源泉となるものである。しかし左派リバタリアンは、それが自然資源の所有に関しては原則として当てはまらないとする点で、右派リバタリアンと袂を分かつ。左派リバタリアンに言わせれば、競争的価値ベースで評価される自然資源は、本来的にすべての人に等しくアクセス・利用可能にすべきものである。自然資源の専有が正当な所有として成立するのは、自然資源が等しくアクセス・

利用可能な状態で享受しうる利益が専有者以外のすべての人にも保障されている場合、かつその場合に限る。このように左派リバタリアンの議論の特徴は、こうした財産権の正当性を担保する必要十分条件に平等主義——等しいアクセスの保障（に照らした補償）——が関わっている点にある（Vallentyne and Steiner 2000: 1; Vallentyne, Steiner, and Otsuka 2005: 201）[9)]。

左派リバタリアニズムが互恵的関係にもとづく定常状態を前提としないのは、それが自己所有権型リバタリアニズムの一種であるところが大きい。その点を確認するには、自己所有権型リバタリアニズムの嚆矢的存在であるロバート・ノージックによるロールズ批判を思い起こせばよい。先に見たように、ロールズ契約論は互恵性にもとづく社会的協働を前提に正義原理を構成する議論である。だがノージックに言わせれば、社会的協働を志向する人間の想定には、一つの規範的前提が見受けられる。すなわち、各人が協働により広範な利益を享受しうることを前提に、自己所有権によって生まれる権原は無視されても場合によっては構わないという前提である（Nozick 1974: 183–189＝1994: 307–315）。この前提は、当然ながら社会的協働に参画する以前に自己所有権を有する者の権原を理論的に無視するからこそ不問に付される。自己所有権テーゼを支持する左派リバタリアニズムはノージックとともに、このロールズ契約論の見立てを拒否する。左派リバタリアンの正義論は、ロールズ契約論に代表される互恵的関係にもとづく定常状態を前提にする議論とは一線を画すものとなっている。

それでは、この左派リバタリアンの立場は、世代間正義に関する有意義な構想を提出しうるだろうか。左派リバタリアンを代表するヒレル・スタイナーとピーター・ヴァレンタインは、世代間正義に関する左派リバタリアン的モデルを提示する（Steiner and Vallentyne 2009）。彼らがまず検討するのは、後の世代が前の世代と同人数で、しかも切れ目なく世代が丸ごと移行する仮想的ケースでの世代間正義の構想である。左派リバタリアニズムは、自然資源へのアクセス・利用可能性を、過去世代・将来世代を問わず、いかなる人間に対しても等しく保障することを謳う。

このことを踏まえると、以下の3点が左派リバタリアンの構想の利点として浮かび上がる。第一に、尊厳ある生を基準とした議論よりも直観適合的である。なぜなら左派リバタリアンは、将来の人々が尊厳ある生を辛うじて送ることができるようにするのであれば、現在世代が自然資源を浪費してもよいとは主張しないからだ。第二に、契約論において先鋭的に問われる非互恵性問題に囚われる必要がない点だ。たとえば、ロールズ契約論における正義に適った貯蓄原理の適用に際して、蓄積段階で求められる最不遇者の「犠牲」は左派リバタリアンのモデルでは求められない。第三に、自然資源の競争的価値ベースのアクセス・利用可能性を前提にしていることから、価値の変動にも対応できる点である。実際、気候変動等による急激な価値の変化はもちろんのこと、その変化が人為的でない場合にも対応しうるモデルとなっている（Steiner and Vallentyne 2009: 58–63）。

もっともこの三つの利点は、前の世代と後の世代が同人数で切れ目なく移行するという非現実的な想定の下で見出されるものである。先に確認したように非同一性問題は、世代間で人数が異なるときにも――より精確には、人数が異なる場合ほど――先鋭的に問われてくる。そこで、世代間で人数が異なるケースで左派リバタリアンのモデルが、われわれにとって受容可能な原理を構成するのかを検討したい。

ここではスタイナーとヴァレンタインに倣って世代間が重なるケースに照準をあわせると、次の三つの論点が浮かび上がる。第一に、新しく誕生した人々も、当然ながら競争的価値ベースで測られる自然資源への等しいアクセス・利用可能性を保障すべき対象となる。このとき、その誕生以前に成立していた財産権は突如（新しく誕生した人々への補償を行うべく）再配分の対象になる。われわれは特定の財産への権原が突如剝奪されることを容認するだろうか。第二に、生殖の扱いである。左派リバタリアンは、生殖を男女の自己所有権の行使の一種とみなす。その権利を行使して子どもを設けた男女（通常両親となる存在）は、自然資源への等しいアクセス権を有する我が子に対して、その保障を確たるものにする義務を負う。この負担（場合によってはかなりの犠牲を強いる配分義務）を両親にすべて負わせることは、われわれにとって適理的に受容しうることだろうか。第三に、遺贈や生前贈与についての取扱いである。左派リバタリアンはリバタリアンとして一定の遺贈や生前贈与を認める立場にもなりうるし、それに対し自然資源のアクセス権限と同程度の厳格な規制を設けることも可能である。しかし左派リバタリアンは、いかなる根拠でいかなる規制が求められるかについては、明確な指針を提示することができない（Steiner and Vallentyne 2009: 64–73）。

このように、前の世代と後の世代で人数が異なっているケースでは、左派リバタリアンの正義構想がわれわれに適理的に受容しうる原理かどうかは不分明である。したがって左派リバタリアンのモデルは、非同一性問題への直観適合的対応、ひいては気候変動の問題への適理的対応を確約するものとは言いがたい。

（2）運の平等論の世代間正義論

運の平等論は、1980年代から今日にいたるまで、正義論において注目度の高い現代の平等論であり続けている。運の平等論は、自発的選択と思しき範囲で不平等の責任は問われるが、それ以外の選ばれざる要因――自然的運（brute luck）として括られるもの――にもとづく不平等は不正とみなす考え方である（Knight 2009: 1; Lippert-Rasmussen 2016: 1–6）。言うまでもなく、社会的協働の有無は運と選択の区分において決定的な役割を演じない。したがって運の平等論は、互恵的関係にもとづく定常状態を前提にしたモデルではない。さらには、誰の自発的選択かもしくは誰の運かは、運の平等論において重要ではない。それゆえ、非同一性問題に対応しうる正義論としての要件を充たすものとなっている。

ここでは自発的選択が措定可能で、それ以外の自然的運に関わる要因と区別できるという前提で議論を進める[10)]。運の平等論は気候変動の正義として、直観適合的な構想のように映る。たとえば、現在世代の排出により将来世代の境遇が悪化することは、世代間不平等を拡大させる。このとき運の平等論は、その責任が現在世代にあると主張する。また、同一世代においても、気候変動により沿岸低地帯に悪影響がおよぶことで地域間不平等が進む場合、運の平等論はその原因をつくった張本人（たとえば、先進国）に責任があると主張する。以上から運の平等論は、世代間・世代内を問わず、不平等の責任を適切に問うモデルであるかのように見える。

しかし、運の平等論を世代間正義に適用する場合に、反直観的な含意が生じる（現実的とも言うべき）ケースが想定される。それは、現在世代の排出削減を促す環境保全的政策により、環境破壊的政策と比べて将来世代一般の福利状況が世代を経るごとによくなるケース（についての評価）である。このケースでは、たとえば、現在世代の排出削減により現在世代の不遇な人々は、環境破壊的政策をとったときよりも低い境遇に甘んじなければならない。他方、将来世代の（不遇な者を含む）人々の福利水準は、環境破壊的政策をとったときと比べて高い水準となる。将来世代にとってこの高い福利水準の享受は、自分たちの選択の産物ではない（自然的幸運の産物である）。それゆえ、環境保全的政策をとったときの現在世代の不遇な人の相対的地位と将来世代の福利状況を比べると、選ばれざる不平等は環境破壊的政策をとったときよりも拡大する。となると、運の平等論の観点からは、将来世代の相対的地位が現在世代の地位と比べてそれほど変わらないか、もしくは（適度に）低くなる環境破壊的政策の方が、環境保全的政策よりも望ましいことになる（Lippert-Rasmussen 2015: 111–113）[11]。

さらに運の平等論にしたがえば、もし環境破壊的政策により特定の地域に住まう将来世代の環境が悪化するとしても、その事実（見通し）を踏まえて行動できるという意味では、そこにとどまることは自発的選択の産物になる可能性がある。それゆえ、環境悪化による厚生棄損は、当該地域の将来世代の責任範疇に入ることになる可能性がある（Gosseries 2007: 302–303; 宇佐美 2013: 13）。このような過酷な含意は、運の平等論を世代間正義にそのまま適用することの問題性を明確にする。運の平等論には、こうした問題に対応するための改訂の余地はないのだろうか。

よく見てみると、上記いずれの問題も、（自発的）選択の介在があったかどうかで不平等に不正があったどうかを測るモデルになっていることで生じている。そこでカスパー・リッパート-ラスムッセンは、選択ではなく落ち度（fault）の有る無しで不平等の不正性を測るヴァージョンを提起する（Lippert-Rasmussen 2015: 121–122）。すなわち、不平等が不正なのは、ある者の相対的に不平等なポジションがその人の落ち度に拠らない場合、かつその場合に限る、とするヴァージョンである。この「選択」を「落ち度」に組み換えた運の平等論のヴァージョンによれば、排出削減を促す環境保全的政策はたしかに現在世代の不遇な人の相対的な境遇悪化を招くが、そこにいかなる落ち度も見出しえない。またこの政策は、将来世代と現在世代の不平等を相対的に大きいものにするが、それは誰の落ち度にも還元しえない。さらに環境破壊的政策の結果、特定の土地にとどまることが厳しくなった場合には、その落ち度はその政策を推し進めた現在世代にある。このようにリッパート–ラスムッセンは、選択を落ち度に組み換えた運の平等論にもとづく世代間正義の構想は、われわれの直観にかなう原理になると主張する（Lippert-Rasmussen 2015: 120–123）。

しかしリッパート–ラスムッセンが認めるとおり、この改訂は運の平等論に（道徳的）功績（desert）の価値を混入させるものである（Lippert-Rasmussen 2015: 121）。なぜなら、落ち度の有無に関する評価自体、（自発的選択を支える）慎慮（prudence）だけでは確定しえないからだ。むしろ上記の議論からも分かるように、その点にこそ、運の平等論を世代間に適用させたときの問題性を回避する「仕掛け」がある。問題はその仕掛けが、いかなる根拠で支持されるのかが不分明である点だ。むろん、運の平等論はその仕掛けを正当化しえない（それは論点先取である）。また、もしその仕掛けを支えるものがわれわれの道徳的直観でしかないとすれば、非同一性問題をわれわれの直観のみに頼った、原理的な一貫性を見出しえない議論によって回避することと何ら変わらないことになる。言うまでもなく、世代間正義の構想を規範的原理として提示することは、気候変動の正義論を探究するにあたっての生命線である。それゆえ、功績を支持する「仕掛け」を（単に直観に訴えるのではなく）原理的に正当化することなくしては、リッパート–ラスムッセンの改訂は受け入れがたいと言わざるをえないだろう。

5　結語

本章では、気候変動の正義に関する排出の通時的問題――世代間正義の問題として議論されてきたもの――を中心に、既存の有力な正義論による応答を検討した。その結果明らかになったことは、第一に、契約論の正義構想、すなわち正義に適った貯蓄原理は、（それがロールズ契約論であろうが合理的契約論であろうが）定常状態を前提とするものとなっており、急激な気候変動の見込みを踏まえると適理的・合理的とは言いがたい、ということである。第二に、定常状態を前提としない左派リバタリアニズムと運の平等論の場合でも、非同一性問題への直観適合的応答を十全に担保するものとは言いがたいことである。それゆえ、気候変動に対応しうる適理的な排出の配分原理の構成は、既存の有力な正義論では困難であることが分かる。

もちろん、これを悲観的な診断として受けとめるべきではない。むしろ本章の結論は、世代間正義の問題の新しさと難しさを改めて確認するものである。本章は新しい世代間正義の構想に向けての足がかりを提供するものにすぎない。その本格的な展開は、別の機会に譲りたい。

注

1）　第五次評価報告書は、IPCC のウェブサイトからダウンロードすることが可能である（http://www.ipcc.ch/report/ar5/）。また、全国地球温暖化防止活動推進センターによる日本語の特設ページもある（http://www.jccca.org/ipcc/about/index.html）。

2）　本章で扱う正義論は限定的である。気候変動の正義をめぐっては、優先主義（prioritarianism）や充分主義（sufficientarianism）といった種々の構想のレレヴァンスについても検討が付されている。詳しくは、本書第 2 章を参照されたい。なお、優先主義に関しては私も別稿にて批判的に検討した（井上 2017b）。

3）後ろ向きの問題については、本書第 4 章の議論を、前向きの問題については、第 6 章の議論を参照されたい。

4）　ちなみにこの論点をめぐる議論としては、気候変動を引き起こす排出にともなう利益――先進国が歴史的に継承した制度からのものも含む――に着目すれば、現在世代がその利益に見合う負担を行うべきである、とする応益原則（the beneficiary principle）で十分対応できるとのエドワード・ペイジのものが有名である（Page 2012: 306–307）。応益原則の利点は、過去世代や現在世代の知識や意図に関係なく、利益を享受していることをもってその受益分を負担することを求める点にある。つまりこの原則に照らせば、当時や現在の知識ないし意図に関係なく、現在の先進国により大きな負担が課される政策が支持されることから、応能原則（the ability principle）と汚染者負担原則（the polluter-pays principle）に傾くわれわれの直観とも適合的である。しかしながら応益原則は、非人為的な要因にもとづく気候変動（によって生じる問題）には感応的でないことから、気候変動の問題に対応しうる正義原理としては不十分であるとの批判を受けている（Huseby 2016: 338）。

5）ここで個人影響原理を放棄して、誰の（不）利益であれ、（不）利益それ自体の善し悪しで正・不正を判定する正義原理を導入すればよいと考える向きもあるかもしれない。周知のとおり功利主義は、そうした原理を支持する代表的な理論である。しかしながら、功利主義は（総量説・平均説問わず）人数構成の違う事態間比較において、反直観的な評価を下してしまうことが知られている。「（逆向きの）いとわしき結論（the（reverse）repugnant conclusion）」はその代表例である（Parfit 1984: ch. 17＝1998: 第17章; Arrhenius, Ryberg and Tännsjö 2010）。

6）非理想理論における正義については、本書第3章を参照されたい。

7）他にも、ロールズ契約論の枠組みで、正義に適った貯蓄原理を正当化しようとする試みはある。たとえば、原初状態の当事者にも正義感覚をもたせるという変更を加えて、正義の自然的義務の範疇で正義に適った貯蓄原理を擁護する試みや（Paden 1997: 42–48）、誰かを特定せずに、各世代に一定の資源のシェアを保障する純然たる不偏性の観点——連帯——に訴えて当該原理を正当化する試み（Heyd 2009: 183–188）、さらには、自尊の社会的基礎を正義の政治的正当化の根幹に据えた上で、すべての市民が世代を超えてシェアしうる政治社会の共通目的を社会的善として規定し、その善に当該原理を定位させる試みがある（McKinnon 2012: 38–46）。しかし管見の限り、そのいずれもロールズの議論に少なからぬ変更を加えることでロールズ契約論と不整合を来したり（Attas 2009: 197–203）、正義に適った貯蓄原理をよりよく基礎づけるものとなるのかが疑わしかったりと問題がある。

8）ヒースは、トリガー戦略が合理的である理由として他に、第一に、永久に裏切り続けることは可能な均衡状態であること、第二に、効用最大化原則に則っていること、第三に「協働には協働を、裏切りには裏切りを」を含意するしっぺ返し（tit-for-tat）戦略よりもサンクションが確たるものとなるがゆえに、部分ゲーム完全均衡（sub-game-perfect equilibrium）を導くことを挙げている（Heath 2013: 43–44）。ただしトリガー戦略は、次のラウンドで協働の利益が見込めない場合には裏切るという後退的帰納法（backward induction）——将来の（不）利益を踏まえて現在の利益を最大化する行為を導く推論——に則っていることから、その妥当性に疑問が付されている（Arrhenius 1999: 29–34; cf. Heath 2013: 54–56）。とくに定常状態の想定が適理的でないケースでは、後退的帰納法は反直観的帰結を導くことになる。本文における、以下のヒースのモデルへの批判的考察は、そうした反直観的帰結に関係するものでもある。

9)　左派リバタリアニズムについては、別のところで詳しく検討したので、そちらを参照されたい（井上 2017a: 第 3 章）。

10)　この点については、さまざまな疑問が投げかけられている。私も別のところで詳しく検討したことがある（井上 2015: 232–237; Inoue 2016: 404–413）。

11)　このケースは、経済成長と排出の増加の間には単調性があるとの想定に依拠するものである。冒頭で確認した将来見込みを踏まえると、長期にわたる環境破壊的政策の結果、急激な気候変動によりかなり後の世代でカタストロフィに見舞われるケースも当然、想定される。そうしたケースにおいて運の平等論は、急激な成長の恩恵を被る世代とカタストロフィに見舞われる世代との格差に鑑みて、環境保全的政策を支持することになる。それゆえその場合には、運の平等論が奨励する選択は、反直観的なものとはならない（Lippert-Rasmussen 2015: 117–118）。

文献

Arnold, Dennis G. (ed.), 2011, *The Ethics of Global Climate Change*, New York: Cambridge University Press.

Arrhenius, Gustaf, 1999, "Mutual Advantage Contractarianism and Future Generations," *Theoria* 65(1): 25–35.

Arrhenius, Gustaf, Jesper Ryberg, and Torbjörn Tännsjö, 2010, "The Repugnant Conclusion," *Stanford Encyclopaedia of Philosophy* (http://plato.stanford.edu/entries/repugnant-conclusion/).

Attas, Daniel, 2009, "A Transgenerational Difference Principle," in Gosseries and Meyer 2009: 189–218.

Barry, Brian, 1989, *Theories of Justice: A Treatise on Social Justice, Vol. 1*, Berkeley: University of California Press.

Caney, Simon, 2012, "Just Emissions," *Philosophy and Public Affairs* 40(4): 255–300.

English, Jane, 1977, "Justice between Generations," *Philosophical Studies* 31(2): 91–104.

Gardiner, Stephen M., 2009, "A Contract on Future Generations?" in Gosseries and Meyer 2009: 77–118.

——, 2010, "Ethics and Global Climate Change," in Stephen M. Gardiner, Simon Caney, Dale Jamieson, and Henry Shue (eds.), *Climate Ethics: Essential Readings*, New York: Oxford University Press, pp. 3–35.

——, 2011, *A Perfect Moral Storm: The Ethical Tragedy of Climate Change*, New York: Oxford University Press.

Gaspart, Frédéric, and Axel Gosseries, 2007, "Are Generational Savings Unjust?" *Politics, Philosophy and Economics* 6(2): 193–217.

Gauthier, David, 1986, *Morals by Agreement*, Oxford: Clarendon Press.（＝小林公訳 1999『合意による道徳』木鐸社）

Gosseries, Axel, 2007, "Cosmopolitan Luck Egalitarianism and the Greenhouse Effect',"

Canadian Journal of Philosophy, Suppl. 31: 279–309.
Gosseries, Axel and Lukas H. Meyer (eds.), 2009, *Intergenerational Justice*, Oxford: Oxford University Press.
Hare, Richard M., 1975, "Rawls' Theory of Justice," in Norman Daniels (ed.), *Reading Rawls: Critical Studies on Rawls' 'A Theory of Justice'*, Stanford: Stanford University Press, pp. 81–107.
Heath, Joseph, 1997, "Intergenerational Cooperation and Distributive Justice," *Canadian Journal of Philosophy* 27(3): 361–374.
——, 2013, "The Structure of Intergenerational Cooperation," *Philosophy and Public Affairs* 41(1): 31–66.
Heyd, David, 2009, "A Value or an Obligation? Rawls on Justice to Future," in Gosseries and Meyer 2009: 167–188.
Huseby, Robert, 2016, "The Beneficiary Pays Principle and Luck Egalitarianism," *Journal of Social Philosophy* 47(3): 332–349.
Inoue, Akira, 2016, "Can Luck Egalitarianism Serve as a Basis for Distributive Justice? A Critique of Kok-Chor Tan's Institutional Luck Egalitarianism," *Law and Philosophy* 35(4): 391–414.
Knight, Carl, 2009, *Luck Egalitarianism: Equality, Responsibility, and Justice*, Edinburgh: Edinburgh University Press.
Lippert-Rasmussen, Kasper, 2015, "A Just Distribution of Climate Burdens and Benefits: A Luck Egalitarian View," in Jeremy Moss (ed.), *Climate Change and Justice*, Cambridge: Cambridge University Press, pp. 107–128.
——, 2016, *Luck Egalitarianism*, London: Bloomsbury.
McKinnon, Catriona, 2012, *Climate Change and Future Justice: Precaution, Compensation, and Triage*, London: Routledge.
Nozick, Robert, 1974, *Anarchy, State, and Utopia*, New York: Basic Books.（＝嶋津格訳 1994『アナーキー・国家・ユートピア：国家の正当性とその限界』木鐸社）
Paden, Roger, 1997, "Rawls's Just Savings Principle and the Sense of Justice," *Social Theory and Practice* 23(1): 27–51.
Page, Edward A., 2008, "Distributing the Burdens of Climate Change," *Environmental Politics* 17(4): 556–575.
——, 2012, "Give It Up for Climate Change: A Defence of the Beneficiary Pays Principle," *International Theory* 4(2): 300–330
Parfit, Derek, 1984, *Reasons and Persons*, New York: Oxford University Press.（＝森村進訳 1998『理由と人格：非人格性の理論へ』勁草書房）
Rawls, John, 1971, *A Theory of Justice*, Cambridge, Mass.: Belknap Press of Harvard University Press.
——, 2001, *Justice as Fairness: A Restatement*, ed. by Erin Kelly, Cambridge, Mass.: Belknap Press of Harvard University Press.（＝田中成明・亀本洋・平井亮輔訳

2004『公正としての正義　再説』岩波書店）
Shue, Henry, 2014, *Climate Justice: Vulnerability and Protection*, New York: Oxford University Press.
Singer, Peter, 2002, *One World: The Ethics of Globalization*, New Haven: Yale University Press.（＝山内友三郎・樫則章訳 2005『グローバリゼーションの倫理学』昭和堂）
Steiner, Hillel and Peter Vallentyne, 2009, "Libertarian Theories of International Justice," in Gosseries and Meyer 2009: 50–76.
Temkin, Larry S., 2000, "Equality, Priority, and the Levelling Down Objection," in Mathew Clayton and Andrew Williams（eds.）, *The Ideal of Equality*, New York: St. Martin's Press, pp. 126–161.
Traxler, Martino, 2002, "Fair Chore Division for Climate Change," *Social Theory and Practice* 28(1): 101–134.
Vallentyne, Pater, and Hillel Steiner（eds.）, 2000, *Left-Libertarianism and Its Critics: The Contemporary Debate*, New York: Palgrave.
Vallentyne, Peter, Hillel Steiner, and Michael Otsuka, 2005, "Why Left-Libertarianism Is Not Incoherent, Indeterminate, or Irrelevant: A Reply to Fried," *Philosophy and Public Affairs* 33(2): 201–215.
井上彰 2015「運の平等論とカタストロフィ」『立命館言語文化研究』第 26 巻第 4 号 231–247 頁。
—— 2017a『正義・平等・責任：平等主義的正義論の新たなる展開』岩波書店。
—— 2017b「功利主義と優先主義：人格の別個性を切り口に」若松良樹編『功利主義の逆襲』ナカニシヤ出版。
宇佐美誠 2013「気候の正義：政策の背後にある価値理論」『公共政策研究』第 13 号 7–19 頁。

※ 本稿は JSPS 科研費 26285002、15K02022、16K13313 による研究成果の一部である。

第6章　気候変動の歴史的責任

宇佐美 誠・阿部久恵

1　主題の設定

規範的な問いは、人間生活をめぐる経験的事実を所与として生じる。財の稀少性が仮に人間社会に遍在していなければ、分配的正義という主題は成り立ちえない。近現代に工場が建設され稼働するようになって初めて、公害紛争をどのように裁定するべきかという法的課題が立ち現れた。クローン技術が存在しない時代には、ヒト・クローンの是非が生命倫理学で問われることはありえなかった。

気候変動についても同様である。温室効果ガス排出量の加速度的増大を主原因とした人為起源（anthropogenic）気候変動に関わる顕著な事実の一つは、代表的な温室効果ガスである二酸化炭素の長期残留性である。大気中の二酸化炭素が、海水と陸生植物に代表されるいわゆるシンクに吸収される期間は、数年から数十年、数百年、さらには1000年以上にまでわたる。吸収されなかった二酸化炭素は大気中に残存し続けるのである。それゆえ、人類による排出から温室効果の発現までには、数年から1000年以上におよぶ時間的乖離が生じる。なお、家畜や水田から発生し、二酸化炭素よりもはるかに強力な温室効果をもつメタンは、やがて分解されて二酸化炭素を生じるから、やはり排出と発現の時間的乖離をともなう。

こうした科学的事実は二つの含意をもつ。一方では、今日排出されている膨大な量の二酸化炭素等は、数十年後、数百年後の人々に重大な影響を与えるだろうと予想される。この予想を背景として、気候変動および気候変動政策をめぐる原理的諸論点の哲学的研究である気候正義論では、世代間正義に属する一連の問いが立ち現れる。現在世代は将来世代を配慮する何らかの道徳的責任を負うか、負うとすればいかなる内容の責任か、その根拠は何かなどである（本書第4章・第5章を参照）。他方の含意は、18世紀後半以降の産業化により北側諸国を中心に増大し続けた二酸化炭素等の排出が、南側諸国に現在住まう人々に深刻な影響を与えつつあり、また将来住むだろう人々にいっそう深刻な影響を与えるだろうということである。この含意を受けて、気候正義論では、北側の市民・企業・政府は南側の市民に対して何らかの道徳的責任を負うか、負うならばそれはいかなる責任か、その根拠は何かなどが問われる。過去の排出にもとづく歴史的責任をめぐる一群の問いが、本章の主題である。

北側諸国が南側諸国の天然資源を不当に利用し、その自然環境を破壊してきたから、前者は後者に対して道徳的責任を負っているという主張は、かねてより行われていた。そこでは、「環境債務」・「自然債務」という語が用いられた（e.g., Smith 1991; Smith 1996）。その後、北側諸国の市民は、みずからやその祖先による温室効果ガス排出のゆえに、現在の南側諸国の市民に対して特別な道徳的義務を負うという主張を表すために、「気候債務」が広く用いられるにいたる（e.g., Godard 2012; Pickering and Barry 2012; Warlenius 2013）。本章では、北側諸国における現下の排出から区別された歴史的排出にもとづく責任をさすために、「歴史的責任」と置換可能な語として、「気候債務」を用いる。

気候債務に関しては、四つの論点を区別できる。①いつの排出について生じるか、②誰が負うか、③誰に対して負うか、④いかなる行為が求められるかである。④は有責期間問題と呼びうる。ここでは、気候債務をもたらす歴史的排出期間の開始点と終了点が問われる。人類史上、温室効果ガス排出が加速度的に急増してきたのは、18世紀後半のイギリス産業革命以降であるから、有責期間の開始点を1750年とするのが適切だろう。他方、終了点は、気候変動メカニズムが広く知られるようになった時点だと解されている。それ以降の期間については、歴史的排出ではなく近年の排出にもとづく責任の有無が問われることになる（本書第1章・第2章を参照）。多くの研究者は、気候変動に関する政府間パネル（IPCC）が第一次報告書を公表し、気候変動の原因・現状・予測が国際社会で広く知られるにいたった1990年を終了点とみなす（e.g., Singer 2002: 34＝2005: 43; Vanderheiden 2008: 190）。他方、温室効果ガスに関して特筆するべき科学的研究が公表された1980年代半ばとする論者もいる（Neumayer 2000: 188）。さらには、20世紀前半には温室効果が広く知られていなかった点などを理由として、1950年までさかのぼる者も見られる（Schüssler 2012: 262）。本章では、学界の大勢にしたがって1990年を終了点としたい。そして、1750年から1990年までに産業化がほぼ完了し、同時期の諸外国よりも著しく多い一人当たり排出量を示すようになった国々を、以下では便宜的に先進国と呼ぶことにしよう。それ以外のすべての国々を途上国と総称する。

②のいわば債務者問題では、先進国の中央・地方政府、公企業・私企業、市民のいずれが気候債務を負うかを問われる。本章では第2章と同様に、規範理論上の方法論的個人主義にもとづき、国民全体を代表する政府や、国内で営業する企業ではなく、個人を究極的債務者として措定する。次に、債務を共有する条件として国籍は必要でなく、先進国に生活の本拠をおいていれば足りると思われるから、ここで言う市民とは国民でなく住民の各人を意味するものとしよう。その上で、企業の生産過程やサーヴィス供給過程で排出された温室効果ガスについては、最終消費財を消費する各人に帰責する。たとえば、自動車の保有者は、運転中の排出だけでなく、その自動車の全製造過程で生じた排出についても債務を負うと想定される。その際に問題となるのは、移民の取扱いである。1960年代にインドからイギリスに移り住んだ人々や、1980年代にアルジェリアからフランスに渡った人々は、気候債務を負うのか。この困難な問いは、気候債務の存在が終極的に肯定された場合には取り組まれねばならない。

③の債権者問題についても、債務者問題への解答と平仄をあわせ、途上国の政府でなく市民が、先進国市民に対して請求できると想定する。途上国のなかには、有責期間の終了点1990年以降に産業化が終わり、現在ではかな

り多くの一人当たり排出量を示す国も含まれる。気候債務の存在が肯定された場合には、債権者についても債務者と同様に、移民の扱いが問われることになる。

④の負担行為問題に関連して、気候債務は一般に排出債務と適応債務に大別される。排出債務から見てゆこう。気候正義論で広く共有されている、各国の債務者が一定量までの排出権をもつという権利基底的枠組みにおいては、この債務は、債務者がもともと権利をもつ排出量から、有責期間に行った歴史的排出を理由として一定量を差し引かれるという負担をさす[1)]。次に、適応債務とは、債務者が、気候変動の悪影響に対して相対的に脆弱である南側諸国でとくに必要となる適応策の費用の一部を、過去の排出を理由として負担することをいう。排出債務と適応債務の区別は、後の考察で重要となるだろう。適応債務の履行方法としては、あらゆる先進国が資金供出義務を割り当てられる新たな形態の国際基金の設立と、特定の先進国から特定の途上国に対する直接的な資金提供とが考えられる。直接的な資金提供では、有責性がとくに重い先進国は、複数の途上国に対して提供義務を負い、さほど重くない先進国は他の先進国とともに、特定の途上国への義務を負うことになるだろう。以下では、排出債務と適応債務の両方を考察対象に含めた上で、適応債務について国際基金方式も直接提供方式も視野に収める。

排出債務と適応債務では債権の要否が異なる。排出債務が存在すると主張するために、この債務に対応する債権を途上国市民がもつという想定は必要でない。歴史的排出を理由として、先進国市民は権原ある排出量が縮減されると主張する際に、それに対応して途上国市民のもつ権原ある排出量が増加すると考える必要はないのである。他方、適応債務は、先進国市民が途上国市民に対して適応策費用の一部を支払う義務を意味するから、先進国市民が債務を負うならば、それに対応する債権を途上国市民はもつはずである。そこで、③の債権者問題は、排出債務に関しては生じず、適応債務についてのみ生じることが分かる。途上国市民がもつ債権を、適応債権と呼ぶことにしよう。直接提供方式においては、各先進国の適応債務と各途上国の適応債権が、一対一ではなくても個別的に相関するのに対して、国際基金方式では、拠出義務を負う先進国の市民全体の債務が、受取資格をもつ途上国の市民全体の債権と集合的に相関する。

四つの論点を概観したいま、本章で取り組む問いを明確に定式化することができる。先進国市民は、有責期間中の温室効果ガス排出を理由として排出債務を負い、また途上国市民に対して適応債務を負うか。過去100年ないし200年にわたって大量排出をもたらした各先進国の産業化が、一方では当該国の現在の市民に富裕・安全・便利な生活をもたらし、他方では途上国の人々に海面上昇、暑熱の激化、砂漠化、台風の大型化、熱帯伝染病の拡大などを強いつつあるという現実に目を向けるならば、この設問への肯定的解答こそが多くの人の道徳的直観に適合するだろう。実際、気候正義の大半の論者は気候債務の存在を肯定しており（e.g., Shue 1999; Neumeyer 2000; Gardiner 2004; Gosseries 2004; Meyer and Roser 2010; Bell 2011; Page 2012）、否定論ないし懐疑論は少数である上（Miller 2009; Godard 2012）、否定論の一部に対しては詳細な批判がなされている（Warlenious 2013）[2]。しかしながら、気候債務を支える諸論拠を、既存の検討をさらに発展させることにより厳密に精査する余地はなお残されていると考える。このような基本認識の下、気候債務の主要な正当化論に対して順次検討を加え、それらがどこまで説得的であるかを論定することが、本章の目的である。

以下では、まず予備的作業として、歴史的責任を包含する責任という概念について、分類と整理を行い、そのなかに気候債務を位置づける（2）。次に、気候債務の有力な正当化論である超世代的集合責任論を批判的に検討するとともに、世代間責任継承論を構成し吟味する（3）。さらに、近年は多くの論者が支持する受益者負担論を精査したい（4）。最後に、気候債務がいかなる範囲で肯定されるかを確定する（5）。

2　責任概念の解明

先進国市民の歴史的責任をめぐる一群の問いに取り組む第一歩は、この概念の最近類をなす責任がもつ相異なった形態を区別し整理することである。

責任の古典的分類として、H. L. A. ハートの区分がある（Hart 1968: 211–230）。彼は、「責任がある（responsible）」という語がもつ相異なった意味を手がかりとして、役割責任／有責責任／因果責任／能力責任を区別し考察した。役割責任は、行為者がになう役割を根拠とするのに対して、有責責任は、過去の咎ある行為に由来する。因果責任とは、ある事象の原因となっていることをさし、能力責任とは、要求される行為をなしうる能力である。ハートはこれら4種を並列的に扱ったが、むしろ因果責任は、有責責任の必要条件であり、また能力責任は、役割責任・有責責任にもとづいた行為の要求を可能とする必要条件だと考える方が適切だろう。また、彼が注意を払わなかった、責任が求める行為の対象者も、責任概念を考察する上で重要性をもつと考えられる。これらを勘案しつつ、二つの次元を設定して責任の類別を行いたい。

第一の次元は、責任が何に由来し、いかなる内容をもつかである。個人または集団が、過去または現在の行為を理由として負う責任を、罪過責任と呼ぶことにしたい。これは、ハートが言う有責責任に近い。罪過責任は、非難甘受責任・負担受忍責任・損害補償責任に分けられるだろう。自動車の運転者が不注意により事故を起こし、歩行者に重傷を負わせたならば、加害者は道徳的非難に値し、業務上過失致傷罪（刑法211条）に問われるとともに、不法行為にもとづく損害賠償（民法709条）を求められる。これらとは大きく異なり、個人または集団が、特定の他者との関係で、あるいは帰属集団のなかで、現在担っている役割にもとづいて負う責任を、ハートにならって役割責任と呼ぶことにする。親は子どもを養育することを求められ、弁護士は顧客のために行動するべきであり、ビル清掃会社の従業員たちは担当のビルで協力しあって作業を行わなければならない。時間軸上の関心の方向性という観点から対比するならば、罪過責任は、過去の行為に着目する過去志向型思考に立脚するのに対して、役割責任は、役割が過去の引受けにもとづく場合には過去も視野に入るものの、概して将来志向型思考に立つ。罪過責任が存立するためには、過去の行為から他者にとっての悪しき事態にいたる因果関係が必要であるから、罪過責任は因果責任を必要条件とするのに対して、役割責任はこれを必要としない。第二の次元は、特定の個人・集団に対する責任であるか否かである。特定の個人・集団に対して負う関係責任と、不特定多数の個人・集団に対して負う一般責任を区別できる。

罪過責任／役割責任と関係責任／一般責任とを組み合わせるならば、2行2列の行列を想起することができる。人身事故を起こした運転手は、被害者に対して不法行為の賠償義務を負い（関係的罪過責任）、業務上過失致傷罪の刑罰に甘んじなければならない（一般的罪過責任）。親は子どもに対して養育義務を負うのに対して（関係的役割責任）、ビル清掃員は社内の規程や慣行にしたがって作業を進めるよう求められる（一般的役割責任）。

これらの区別は概念的なものであって、社会生活上は一方の範疇の責任が他方をもたらしたり、両範疇が同時に発生したりすることに注意したい。育児を放棄した親は非難されてしかるべきであり（役割責任の懈怠にもとづく罪過責任）、また近隣に消防署がない山道で歩行者を轢いた運転者は、被害者を病院に連れてゆかねばならない（罪過責任にもとづく役割責任）。引き受けた事案の処理を長期間にわたり放置した弁護士は、顧客との関係で咎があると同時に、専門職倫理にも採る行為のゆえに社会的非難に値する（関係責任と一般責任の併存）。

以上のような責任の分類を用いるならば、気候債務の中核部は役割責任でなく罪過責任に属する。罪過責任のなかでも、排出債務は負担受忍責任に、適応債務は損害補償責任にそれぞれ含まれる。もっとも、後述するように、気候債務は、その正当化論の内容次第で、役割責任の性格も兼ね備えうる。次に、排出債務は、債権の存在を必要としない一般責任であるのに対して、適応債務は、適応債権と表裏をなす関係責任だと考えられる。適応債務は、直接提供方式では、各先進国の債務が各途上国の債権に相関する個別的関係責任であり、また国際基金方式では、全先進国の債務が全途上国の債権に対応する集合的関係責任だと言える。

3　集合責任か責任継承か

有責期間内に行われた温室効果ガスの大量排出のなかでも、たとえば

1980年のように比較的近接した過去の時点での排出については、現在の先進国市民が歴史的責任を負っているという主張は、もっともらしく聞こえる。より困難な問いは、1880年のように遠隔な時点での排出について、排出者が現時点では存在しないことを所与として、先進国市民は歴史的責任を負うか否かである。気候債務の主張者たちは、比較的遠い過去の排出をおもに念頭におきつつ、現在の市民の歴史的責任を根拠づけるべく、相異なった議論を考案してきた。本節では二つの議論を取り上げる。

一つの正当化論は、超世代的集合責任論と呼ぶことができる。集合責任とは元来、同一時点で存在する諸個人によって共有される道徳的責任である。ある見解によれば、集団の各構成員が、互いの行為を利用しあって共通の目的を達成しようとするとき、一部の構成員による悪しき行為について、他の構成員も罪過責任を負う。たとえば、強盗団が銀行に押し入った場合、強奪金の運搬者や逃走車の運転手を含む全員が、強奪行為全体について非難を甘受し損害を賠償し刑罰に服する道徳的責任を負う。別の見解によれば、統一的意思決定を行う代表的機関をそなえた集団では、当該機関による行為について、全構成員が道徳的責任を負う。この見解では、経営陣が知りつつ放置した製品の欠陥より、消費者が事故に遭って死亡した場合、株主や従業員は咎を感じ損害を償うべきである。こうした集合責任論を世代間関係にまで拡張し、過去世代による排出について、現在世代が負担受忍責任や損害補償責任を負うと主張するのが、超世代的集合責任論である。

現在および歴史上の排出による責任を支持する複数の論拠を先駆的に提示したヘンリー・シューは、超世代的集合責任論をつとに暗示した（Shue 1999: 536–537）。続いて、歴史的責任を本格的に提唱したエリック・ニューメイヤーも、この正当化論を示唆した（Neumeyer 2000: 189）。その後、スティーヴ・ヴァンダーヘイデンは、おもに現下の排出に対する責任の文脈で集合的責任論を展開している（Vanderheiden 2008; Vanderheiden 2011）。

超世代的集合責任論は、先進国の現在世代の各人に対する帰責の方法について、二つの形態をとりうる。依存的帰責論は、歴史的排出が行われた時点における先進国の各住民が有責だったならば、かつそのときのみ、現在の各住民もまた有責だと考える。では、過去の住民は有責だったか。汚染者負担原則（Polluter Pays Principle）は、自然環境に損害を与えた個人・集団が損害回復費用を負担することを要求する[3)]。これは、環境保全の文脈で一般的罪過責任を具体化したものだと言える。汚染者負担原則に照らせば、温室効果ガスを大量に排出した過去の市民は有責だった。過去の市民はすでに死亡しているが、現在の市民は有責性を共有しており、それゆえ排出債務・適応債務を負うというのである。それとは対照的に、独立的帰責論は、過去の住民が有責だったか否かを問わず、現在の住民は何らかの理由により有責であって、2種類の債務を負うと主張する。

依存的帰責論の検討からはじめよう。この見解の成否は、排出時点での先進国市民の有責性を説得的に示せるかにかかっている。ところが、過去世代が有責だという主張の前には、二つの問題が立ちはだかる。第一は無知性の議論である。この議論によれば、過去の人々は、工場の稼働や機関車・自動車の利用が温室効果ガスを排出し、気候変動の一因になるという科学的知識を欠いており、しかもその知識をもつことはできなかった。みずからの行為の帰結に関して無知であり、かつ無知であらざるをえない人に、当該行為の責任を問うことはできない。温室効果は、1824年にジョゼフ・フーリエによって初めて示唆され、1859年にジョン・ティンダルの実験結果により裏書された。1896年には、スヴァンテ・アレニウスが、大気中の二酸化炭素の温室効果は気温上昇に寄与すると推測しつつ、温暖化は食糧増産を促進するから人類に好都合だと論評している。だが、温室効果による気候変動の知識が先進各国で広まってゆくのは、じつに1980年代にいたってからである。これらの科学史的事実に照らすと、たとえば1880年時点の温室効果ガスの大量排出者が、みずからの行為が気候に対して及ぼすだろう影響を知ることは、論理的に不可能だったと言わざるをえない。

無知性の議論に対しては、さまざまな反論が試みられてきた。シューは処罰と責任——本章で言う損害補償義務——を区別した上で、前者と異なり後者に関しては、「予知不可能かつ不可避だった効果について人々を有責とすることはありふれたことだ」（Shue 1999: 535）と述べる。ありふれたことだとまで断言できるかはともかく、たしかに、多くの法体系における製造物責任等の法分野では、故意も過失もなく帰結につき無知だった製造者に損害賠償責任を課する厳格責任が確立している。実際、気候正義論においては、歴史的責任と厳格責任の類比がたびたび示唆されてきた（e.g., Neumayer 2000: 188）。しかしながら、ここで開発危険の抗弁を看過するべきでない。製造時点で利用可能な科学的知識をもってしても予見しえなかった欠陥については、法的な賠償責任は否定される。それゆえ、少なくとも19世紀末以前の排出については、厳格責任との類比により温室効果に関する無知性の議論を退けることはできない。

スティーヴン・ガーディナーは、無知性の議論が「決定打からはほど遠い」（Gardiner 2004: 581）と評した上で、その理由として、①世界の貧困層に対する危害の過酷性、②貧困層の自己防御力の欠如、③富裕国の国際支援の容易性、④富裕国の過去の因果的役割に言及している。この4点のいずれにも異論の余地はない。しかし、これらがいかなる仕方で無知性の議論に反駁する理由として機能しうるかは、一向に明らかでない。また、サイモン・ケイニーは、ある人みずからの行動が他者に対して、予期しえなかっただろう危害を及ぼした場合、当該行動から受益していたならば、受益した範囲では無知性の議論が妥当しなくなると主張する（Caney 2010: 209–210）[4]。だが、ケイニーの主張に対しては、ガーディナーのそれに対するのと同様の批判が妥当する。受益の事実がいかにして無知性の議論を退ける理由となりうるかは、まったく明らかでない。実際、次節で論じるように、受益の事実への訴えかけは、有責性の別の正当化論を構成すると考えられる。以上の簡潔な検討からも、無知性の議論を退けるのは一見するよりもはるかに困難であることが窺われる。

過去世代の有責性の主張をおびやかす第二の議論は、数多くの哲学者を苦悶させてきた非同一性問題である。非同一性問題とは、ある事象が生起した後に受胎が生じて誕生した個人は、当該事象が仮に生起しなかったならば誕生しなかっただろうということである。この問題は、1970年代にデレク・パーフィットらによって発見され（Parfit 1976; Schwartz 1978; Adams 1979）、パーフィットの影響力ある著書を契機として浸透し（Parfit 1984: 351–379）、多くの理論家によって分析され論議されてきた[5)]。

非同一性問題は、われわれの直観に反する帰結を導く。このことを、パーフィットが挙げた例を脚色しつつ示そう。16歳のアヤカは妊娠し出産することを望んでいる。彼女がいま母親になるならば、育児のために恐らく高校での勉学を続けられず、退学せざるをえなくなり、その後に低収入で不安定な職しか得られそうにないから、生まれてくる子どもは悪い境遇で人生を始めるだろうと予想される。この子どもをイクヤと呼びたい。他方、アヤカが10年間待つならば、高校（と恐らくは大学）を卒業し、より高収入で安定した職をえるだろうと期待できるから、イクヤの境遇はよりよいものだろう。それゆえ、アヤカは妊娠を10年間待つべきであるように思われる。ところが、この推論はじつは誤りである。アヤカが出産を待つならば、イクヤはこの世に生まれてこないから、彼が生まれてくる場合の境遇が、生まれてこない場合のそれよりも悪いという命題は、真とはなりえない。したがって、イクヤがもちうる二つの境遇の比較を根拠として、アヤカに妊娠の自制を求めることはできない。

アヤカの例を、「危害」という語を用いて一般化しつつ敷衍しよう。危害とは何か。加害者 O が特定の行為をなすことにより、仮に当該行為をなさなければ被害者 V が得ただろう反事実的福利よりも小さい現実的福利を V に強いるとき、O は V に危害を加えている。ここで言う福利は、いわゆる〈何の平等か〉をめぐる三つの見解、すなわち効用に代表される厚生、私的財の束などの資源、価値あることをなし価値ある状態でいる機会の集合をさすケイパビリティのいずれとして解釈されてもよい。非同一性問題は、O が当該行為をなさない可能世界において V が存在しないことを意味する。ここで思考経路は二つに分岐する。非同一性問題の文献でしばしば採用されてきた、ゼロ福利説と呼びうる見解は、V が存在しない可能世界での反事実的福利をゼロと仮定した上で、これを現実的福利と比較する。現実的福利が正の値を採るかぎり、O は V に危害を加えていないばかりか、むしろ利益を与えていることになる。しかし、V の不存在は、ゼロであれ他のいかなる値であれ、福利を享受する主体がいないことを意味するから、福利もまた存在しないと考える方が理にかなうように思われる。それゆえ、いわば比較不能説がより説得的である。この見解によれば、Vがいない可能世界では、Vの反事実的福利はありえず、それゆえ現実的福利との比較は論理的に不可能である。それゆえ、反事実的福利よりも小さい現実的福利をもたらす行為としての危害は、発生していないことになる。結局、いずれの思考経路をたどっても、Oが特定の行為をなすならばVが誕生し、その行為をなさなければVは誕生しないとき、OがVに危害を加えているとは言えない[6)]。

非同一性問題は、過去世代の有責性という依存的帰責論の前提を掘り崩す。1898年にロンドンで排出された温室効果ガスが、1998年にバングラディシュの国土の75%以上を襲った大洪水の遠因だと仮定しよう。依存的帰責型の超世代的集合責任論によれば、1898年のイギリス人は、1998年のバングラディシュ人に対して危害を加えたという意味で有責であり、それゆえ現在のイギリス人もまた有責性を免れない。しかるに、イギリス人によるバングラディシュ人への危害を論証することは、きわめて困難である。イギリスで産業革命が生じなかった可能世界においては、かの国における市民の行動や政府の政策は、現実世界での行動や政策と似ても似つかぬものだったに違いない。そこで、イギリスによるベンガル地方の植民地統治は、たとえ行われたとしても、その様態は現実のそれとは大きく異なっただろう。現実と異なる環境において、ベンガルの人々は異なる行動をとり、異なる男女が出会い、そして異なる子どもたちが生まれてきたはずである。その結果、現在のバングラディシュ人の誰も、イギリスに産業革命が起こらなかったならば誕生しなかったことになる。比較不能説では、現在のバングラディシュ人が存在しない可能世界においては反事実的福利は存在しえず、それと現実的福利の差にもとづいてイギリス人によるバングラディシュ人への危害を語りえない。他方、ゼロ福利説を仮に採用すれば、1998年の激甚な被災やその広範な悪影響を考慮に入れてもなお、バングラディシュ人にとって、誕生したことは誕生しないことよりも望ましいはずだから、現実的福利は正の値を採る。それゆえ、イギリス人は危害を加えておらず、むしろ利益を与えていることになる。この例が示すように、過去の先進国市民の有責性は否定され、したがって現在の市民もまた無実だと結論づけられる。

独立的帰責論に目を転じよう。気候債務をめぐる論議において、過去の先進国市民が有責であるか否かを問わず、現在の先進国市民は有責だと明示的に主張する論者は、管見のかぎり見当たらない。だが、独立帰責論が仮に唱えられるならば、無知性の議論を免れるだろう。しかしながら、ある見解が否定的議論に直面しないことは、その見解が適切であることを論理的に含意しない。独立的帰責論の適切性を示すためには、何らかの肯定的議論が不可欠である。その有力な一候補は、次の議論だと思われる。親から土地・家屋・有価証券などを受け継いだ子は、親がもっていた負債を返済する道徳的義務を負う。それと同様に、先進国の現在世代は、大量排出をともなった産業化の遺産を受け継ぎ、快適で便利な生活を享受しているから、大量排出が途上国の現在世代・将来世代に対して与える悪影響に関する有責性も引き継ぐ。それゆえ、産業化から受益している先進国市民は、排出債務と適応債務を負うというというのである。このような議論がどこまで説得的であるかは、次節において別の文脈で検討される。

さらに、超世代的集合責任論とは異なった気候債務の正当化論として、世代間責任継承論を構成することができる。この議論によれば、有責期間中に過去世代が行った温室効果ガス排出について、過去世代の各人は有責だったが、その死亡により排出からの恩恵とともに有責性が次世代に受け継がれ、現在世代にいたった。しかしながら、世代間責任継承論は依存的帰責論と同様に、過去世代の有責性を前提としているため、無知性の議論と非同一性問題にさらされてしまう。無知性の議論への説得的反論は、前述のようにいまだ提示されておらず、また非同一性問題は容易に回避しがたい難問と認められている。それゆえ、世代間責任継承論が有望な正当化論とは考えにくい。

4　受益者負担論

前節末尾で言及した受益の事実に訴えかける議論は、独立的帰責型の超世代的集合責任論や世代間責任継承論に根拠を提供するのにとどまらず、これらの正当化論から分離されても存立しうるように見える。すなわち、受益にもとづく議論は、超世代的集合責任論や世代間責任継承論の一部としてではなく、直截に現在世代の歴史的責任を根拠づけるものとなりうる。それは、受益者負担原則（Beneficiary Pays Principle）に依拠した議論である。この原則は、他者の行為から便益を得た個人・集団が、当該行為によって第三者が被った損失について、負担受忍責任や損害補償責任を負うことを要求する。

受益者負担原則がもつ理論的な位置や多様性を理解するためには、気候正義論において汚染者負担原則・受益者負担原則とならぶ第三の主要原則とされる支払能力原則（Ability to Pay Principle）に、まず目を向ける必要がある。支払能力原則は、特定の個人・集団が経済的実行能力をそなえていることを理由として、当該の個人・集団に負担受忍責任や損害補償責任を課する。汚染者負担原則が過去志向型の罪過責任に属するのに対して、支払能力原則は将来志向型の役割責任に含まれる[7]。そして、両者の中間に位置し罪過責任と役割責任の両面をあわせもつのが、受益者負担原則なのである。より正確には、受益者負担原則は、汚染者負担原則に近接した地点から支払能力原則の付近の地点までにいたる連続体として表象されうる。たとえば、行為者が不正をなし、受益者もそれを是認していたという事例は、汚染者負担原則と同じく罪過責任という色彩が濃い形態の受益者負担原則によって捕捉される。それとは対照的に、行為者が不正をなさず、受益者にも過失がない場合には、支払能力原則に近い役割責任の色合いを帯びた形態の受益者負担原則が適している。

歴史上の温室効果ガス排出について受益者負担原則を直截に援用する議論は、次のように進む。先進国市民は、過去の産業化のゆえに快適・便利な生活を享受する一方で、産業化以降の大量の温室効果ガス排出は、現在および将来の途上国市民に重大な悪影響をおよぼしつつある。つまり、先進国市民は、途上国市民の負担において不当な便益を得ている。したがって、先進国市民は排出債務をはたせねばならず、また途上国市民に対して適応債務を負う。こうした議論を、受益者負担論と呼ぼう。受益者負担論は、依存的帰責型の超世代的集合責任論や世代間責任継承論とは異なり、過去世代の有責性の想定に依拠せず、したがって無知性の議論によって掘り崩されない。この点で、受益者負担論は、超世代的集合責任論や世代間責任継承論よりも頑健であるように見える。そのためか、超世代的集合責任論を示唆したシューやニューメイヤーは、受益者負担論も併用している（Shue 1999: 534–537; Neumayer 2000: 189）。他にも、アクセル・ゴセリーズ、ルーカス・マイヤー、エドワード・ペイジなど、気候正義論の多くの有力な論者がこの正当化論を支持しており（e.g., Smith 1996; Gosseries 2004; Meyer and Roser 2010; Page 2011）、批判者はごくわずかである（Huseby 2015）。

しかしながら、受益者負担論は、依存的帰責型の超世代的集合責任論や世代間責任継承論と同じく、非同一性問題に直面する。まず、適応債務が主張される場合には、適応債権の存在が根底的に掘り崩される。受益者負担論にもとづく適応債務の主張によれば、イギリス人は過去の産業化の恩恵に浴する一方で、バングラディシュ人は、イギリス等の先進国の産業化がもたらした温室効果ガスの大量排出によって洪水やサイクロンの頻発・大型化という危害を被っている。それゆえ、バングラディシュ人は適応債権をもち、イギリス人はこれに対応する適応債務を負うとされる。ところが、前節で見たとおり、非同一性問題の下では、比較不能説とゼロ福利説のいずれを採用しようとも、バングラディシュ人への危害を根拠とした適応債権の主張は根拠を失うから、適応債務の主張も瓦解する。

では、債権者を必要としない排出債務についてはどうか。非同一性問題は、受益者負担論にもとづく排出債務の主張も揺るがすように思われる。イギリスで産業革命が起こらなかった可能世界では、かの国の人々は異なった行動をとり、異なった男女が出会い、そして異なった子どもたちが生まれたはずである。その結果、現在のイギリス人の誰も誕生しなかったことになる。そこで、まず比較不能説を採ると、産業革命なき可能世界では現在のイギリス人の反事実的福利は存在しえず、したがってそれとの比較にもとづく受益の事実を主張できない。次に、ゼロ福利説では、現実世界のイギリス人について、享受主体が存在する場合の福利は正の値を採る以上、存在しない場合のゼロ福利を上回る。しかし、産業革命なき可能世界に存在するだろうイギリス人についても、享受主体の存在時の福利は不存在時のゼロ福利よりも大きいはずだから、産業革命に起因する現実世界のイギリス人の受益の事実を論証できないのである[8)]。

このような非同一性問題の脅威から受益者負担論を救出するべく、ある論者（Das 2014: 751–752）は以下の議論を案出している。まず、次の２条件が充足されるとき、ある個人は自国の産業化から便益を受けていると言われる。

条件１　その個人は、他の場合におかれただろう状態と比較して、重要な関連性のある有利性を享受している。

条件２　当該の有利性の享受は、その個人が産業化社会に居住しているという事実によって典型的には説明される。

条件１における、「重要な関連性のある」という限定は、たとえば母国語を使用できる社会での居住のように、産業化にもとづく物質的有利性とは別種の有利性を除外することを意図したものである。

次に、条件１・条件２は、ある個人の現実の境遇と、その個人が誕生する以前に産業化が仮に生じなかった場合の境遇との比較として解釈される必要はないと論じられる。むしろ、先進国に生まれた個人が、生後ただちに途上国に連れてゆかれ、養子縁組をさせられた場合と比較することも可能だという。この指摘を理解するためには、仮想例が役立つだろう。1970年に東京の都心で生まれたカオリは、現在にいたるまでそこで暮らしている。彼女は、生後すぐにフナフティ環礁の夫婦の元に連れてゆかれ、いまもツバルで暮らす場合と比較して、日本の産業化によって説明される有利性を明らかに享受している。このように、ある個人の誕生前に当該事象が生起しなかった可能世界と現実世界を比較するいわば誕生前仮想比較法に代えて、誕生後により不利な状況に移動させられた可能世界と現実世界を比べる誕生後仮想比較法を採用するならば、その個人の反事実的福利は現実的福利よりも小さい正の値を採るから、２種類の福利の比較にもとづいて受益の事実を示すことができる。この思考実験を用いるならば、少なくとも、債権者の存在を要しない排出債務を非同一性問題から救出することができる。

件の論者は排出債務と適応債務を区別していないが、上記の議論を仮に拡張するならば、適応債務もまた非同一性問題を回避できるか。この点を検討するため、次の2条件が充足されるとき、ある個人は他国の産業化から危害を被っていると言うことにしよう。

条件1′　その個人は、他の場合におかれただろう状態と比較して、重要な関連性のある有利性を逸失し、かつ他者の有利性に起因する不利性を賦課されている。

条件2′　当該の不利性の賦課は、その個人が、いまだ産業化されておらず、かつ他の産業化社会に起因する悪影響に暴露する社会に居住しているという事実によって典型的には説明される。

1970年にフナフティで生まれたキャシーが、生後すぐに東京の夫婦に引き取られ、現在も東京に住んでいるという可能世界を想像できる。この可能世界と比べると、彼女は、ツバルで暮らす現実世界において、1990年以前に同国で産業化が生じず、しかも日本を含む先進諸国からの大量排出がもたらす悪影響にさらされているという意味で、不利性を被っていると言えそうだ。このように、適応債権者について誕生後仮想比較法を用いるならば、その反事実的福利を措定でき、現実的福利との比較を通じて適応債権を肯定できるだろう。したがって、適応債務の主張を非同一性問題から救出できるように見える。

しかし、こうした外観は誤りである。適応債務を含む損害補償責任を論証する際に、誕生後仮想比較法が誕生前仮想比較法よりも適切だと言えるためには、非同一性問題を回避できるというだけでは不十分である。一つの文脈で道徳的直観に反した特定の結果を避けられるという理由のみによって、いかなる議論も無限定に採用する節操なきプラグマティズムに陥らないためには、他の文脈でも誕生後への着目が誕生前へのそれよりも優れていると示す必要がある。だが、損害補償責任が理論上は問われうる他の文脈においては、誕生後仮想比較法は受け入れがたい結果をもたらしうる。

一つの試金石として、都市化を取り上げ、条件2に代えて条件3を定立しよう。

条件3　当該の有利性の享受は、その個人が大都市に居住しているという事実によって典型的には説明される。

条件1と条件3と組み合わせて誕生後仮想比較法を採るならば、1970年に高知県室戸市に生まれ、いまも暮らしているクミコと比較して、カオリは、便利で快適な生活という都市化からの有利性を享受していると言える。

次に、条件3′を設定しよう。

条件3′　当該の不利性の甘受は、その個人が、大都市でなく、かつ他の大都市に起因する悪影響に暴露する地域に居住しているという事実によって典型的には説明される。

条件1′を条件3′と組み合わせるならば、クミコは、東京をはじめとする都市部への人口流出をおもな原因とする過疎化という悪影響を被っているという判断が導かれる。では、カオリは、クミコや他のすべての室戸市民、さらには全国の過疎地住民に対して、みずからの大都市居住からの利益が消失するまで過疎化対策費用を支払う損害補償責任を負っているだろうか。読者の大半は、この帰結を受け入れがたいと感じるだろう。この道徳的直観が正しいならば、クミコの誕生後仮想比較法によって、過疎化に関するカオリの損害補償責任を肯定できないことになる。カオリが、クミコに対して過疎化補償責任を負わない以上、キャシーに対しても気候変動補償責任、つまり適応債務を負わないと考えなければ、平仄があわない。

以上の検討から、損害補償責任と負担受忍責任は相異なった仕方で判定されることが明らかとなる。アヤカとイクヤの例やイギリス人とバングラディシュ人の例が示すとおり、危害は、可能世界との比較を通じてのみ同定されうる。それゆえ、ある先行事象が後続時点での個人の存否を左右する場合には、危害の存在を前提とする損害補償責任の主張は非同一性問題によって掘り崩される。これを避けるため、クミコについて試したように、誕生前仮想比較法に代えて誕生後仮想比較法を採用しても、損害補償責任の肯定はときに道徳的直観に反する。

他方、受益に関しては、カオリの例から分かるように、誕生後仮想比較法を用いた同定もたしかに可能だが、しかし誕生直後の途上国への強制移動および現地での養子縁組という不自然な仮想例を案出する必要はない。むしろ端的に、現実世界での他の諸個人の福利と比べるいわば誕生後現実比較法を採用すれば足りる。この比較法は日常言語上の用語法によっても支持される。一例を挙げよう。億万長者のサキチは極端に迷信深く、1999年9月9日に孫が生まれるならば、一族は未来永劫にわたり繁栄するだろうという占い師の言葉を信じ込み、その日に孫が生まれれば、財産の大半を譲ろうと心に決めていた。はたしてこの日にシンジが生まれ、彼は祖父から莫大な金額の生前贈与を受けた。われわれは、シンジが恵まれた男だと言うだろう。このように言うとき、われわれは、彼が9月8日または9月10日に生まれた場合と比較しているのでなく、サキチの他の孫たちや、億万長者の祖父をもたない他の人たちと比べている。この例が示すように、受益の有無は危害と異なって、誕生後の個人を他の多くの個人と比較することにより判定されうる。誕生後現実比較法を用いれば、受益を根拠とした負担受忍責任は、非同一性問題を完全に免れるのである。

5　結論

前節までの考察は、最重要な温室効果ガスである二酸化炭素の長期残留性という科学的事実を踏まえて、先進国で産業化以降に排出されてきた大量の二酸化炭素にもとづく歴史的責任の有無を論定することを目的としていた。この目的を達する第一歩として、有責期間問題・債務者問題・債権者問題・

負担行為問題を抽出した上で、取り組むべき問いを次のように定式化した。先進国市民は、有責期間中の排出を理由として、排出債務と適応債権者に対する適応債務という２種類の気候債務を負っているか。次に、予備的作業として、罪過責任／役割責任と関係責任／一般責任という２通りの区別を行った。気候債務はおもに罪過責任の性格をもつが、正当化論の如何によっては役割責任の色彩もあわせもち、また排出債務は一般責任であるのに対して、適応債務はその履行制度次第で関係責任と一般責任のいずれにもなりうる。

こうした主題の定式化および予備的な概念的区分を踏まえて、まず、歴史的責任の一つの有力な正当化論である超世代的集合責任論を取り上げ、なかでも依存的帰責論は、無知性の議論および非同一性問題にさらされると論じた。他方、独立的帰責論はこれらの批判を免れており、その論拠の一候補は受益の事実に訴えかける議論だと指摘した。別の正当化論として、世代間責任継承論を構成できるが、これもまた無知性の議論と非同一性問題によって揺るがされる。続いて、受益の事実に直截に訴えかける受益者負担論を精査した。危害の存在を前提とする適応債務の主張は、非同一性問題に逢着するのに対して、受益に依拠する排出債務の主張は、誕生前仮想比較法でなく誕生後現実比較法を用いることによって非同一性問題を回避できる。

以上の検討から、超世代的集合責任論と世代間責任継承論は、歴史的排出にもとづく排出債務についても適応債務についても維持されず、また受益者負担論による適応債務の主張も正当化されないことが明らかとなった。受益者負担論に依拠した排出債務の主張のみが独り存立しうる。なお、適応債務は否定されるから、適応債権者に移民が含まれるか否かを検討する必要はないが、排出債務が肯定される以上、債務者が移民を含むかという問いは考察を要する。だが、紙幅がほぼ尽きたいま、この問いの考察は別の機会に譲らざるをえない。

以上の考察結果は、二つの正反対の立場にある人々の直観にともに反するだろう。一方には、先進各国が産業革命以降に排出してきた二酸化炭素について、現在の市民にはいかなる責任もないと感じる人々がいる。すでに死亡した祖先が行ったことに対して、いま生きているわれわれになぜ責任があるのかというわけだ。この疑念に対する著者たちの応答は、われわれは祖先の行為から受益しているからというものである。他方には、過去の排出に対して良心の呵責を覚える人々がいる。実際、祖国が消滅する日を案じるツバルの国民、次の大水害におびえるバングラディシュのデルタ地帯住民、急速な海岸浸食を目の当たりにしているセネガル沿岸部の人々に思いをはせるとき、先進国に住まうわれわれこそが彼ら・彼女らの適応策の費用を負担するべきだという主張は、理にかなっているように感じられる。しかしながら、異世代間の危害という観念が非同一性問題によって存立しがたい以上、歴史的排出にもとづく適応債務を肯定することはできない。過去の排出への歴史的責任というわが国の学界ではほぼ未踏の領域を探査した末に得られたのは、海外の多くの論者が主張してきたよりも複雑で微妙な結論である。

注

＊　本章の旧稿の研究報告に対して、森村進・後藤玲子・瀧川英裕・佐野亘・井上彰各氏より有益なコメントをいただき、また後に鬼頭秀一氏との討論からも示唆を得た。お礼を申し上げたい。

1)　現行の国際的気候変動政策における、各国が温室効果ガス排出の削減義務を負うという義務基底的枠組みでは、排出債務は、もともと義務づけられた排出削減量に加えて、歴史的排出を理由として課される追加的な削減量を意味する。

2)　気候債務の主張は、あらゆる人が国を問わず等しい一人当たり排出量への権利をもつという平等排出説を前提としているとしばしば想定されてきた（Neumeyer 2000; Miller 2009）。だが、このように想定するのは拙速である。たとえば、あらゆる人は居住国にかかわらず基底的ニーズを満たすのに必要な排出権をもつという基底的ニーズ説を前提とすることも可能だからである。したがって、平等排出説が困難をかかえ支持されえないとしても、そのことは気候債務を終極的に否定する理由とはなりえない。平等排出説については本書第2章3を、基底的ニーズ説については第1章3・第2章5を参照。

3)　汚染者負担原則は、1972年に経済協力開発機構（OECD）が採択した「環境政策の国際経済的側面に関する指導原則」によって確立された。一部の加盟国政府が、自国内企業に環境汚染防止の補助金を与えると、補助金を得た企業が国際競争で相対的に有利となり、国際貿易にひずみが生じうる。そこで、OECDは、加盟国政府が環境破壊的な企業に対して補助金を与えず、企業に改善費用を負担させることにしたのである。その後、当該原則は欧州共同体（EU）でも採用され、1992年国連環境開発会議で採択された「環境と開発に関するリオ宣言」第16原則に織り込まれた。今日では、国際環境法でも先進諸国の環境法でも広範かつ堅固に確立した法原理だと言ってよい。

4)　なお、ケイニーの示唆を発展させて、1990年以降の排出について無知性の議論を退け、受益を限度とした損害補償義務をとなえる見解がある（Bell 2011）。

5)　非同一性問題を回避する多種多様な議論に対する包括的検討として、Boonin 2014. 本章の著者の一人も、将来世代の権利の文脈において（宇佐美 2006; Usami 2011a; 宇佐美 2016a）、また歴史上の不正義の文脈で（Usami 2007; Usami 2011b; 宇佐美 2011）、主要な議論の吟味を行ってきた。

6)　反事実的福利との比較なしに危害を定式化できるならば、非同一性問題を回避することができるだろう。こうした見通しにもとづく危害の再定式化の試みはいくつか行われてきたが、最新の念入りな立論さえも欠陥をはらむ（宇佐美 2016b）。

7)　支払能力原則はまったき役割責任であるから、過去の温室効果ガス排出に対する罪過責任をみずからの中核とする気候債務の正当化根拠とはなりえない。また、規範理論の根本原理と言うべき〈当為は可能を含意する〉を逆転させた〈可能は当為を含意する〉の具体化であるがゆえに、能力の保持がなぜ負担を根拠づけるかを説明することが求められる。

8)　非同一性問題のゆえに、先進国市民が、産業化が生じなかった可能世界と比べて受益しているとは言えなくても、産業化のゆえに現実世界で誕生し生存することができたとは言える。このことは、先進国市民が気候債務を負う動機を与えるという指摘がある（Warlenius 2013: 32）。たしかに、非同一性問題を理解した人は、自国で過去に産業化が生じたことにより自分が誕生したという幸運に感謝しつつ、その産業化が他国住民におよぼす悪影響に対して自責の念を抱懐するかもしれない。その結果、排出権の一部の放棄や、途上国への適応策費用の負担を行おうという気にさえなるかもしれない。しかし、過去の排出にもとづく歴史的責任をめぐる論争で問われているのは、非同一性問題が気候債務の肯定への動機を先進国市民に提供するか否かではなく、非同一性問題にもかかわらず気候債務が存在するか否かなのである。

文献

Adams, Robert, 1979, "Existence, Self-Interest, and the Problem of Evil," *Nous* 13(1): 53–65.

Bell, Derek, 2011, "Global Climate Justice, Historic Emissions, and Excusable Ignorance," *Monist* 94(3): 391–411.

Boonin, David, 2014, *The Non-Identity Problem and the Ethics of Future People*, Oxford: Oxford University Press.

Caney, Simon, 2005, "Cosmopolitan Justice, Responsibility, and Global Climate Change," *Leiden Journal of International Law* 18(4): 747–775.

Das, Ramon, 2014, "Has Industrialization Benefited No One? Climate Change and the Non-Identity Problem," *Ethical Theory and Moral Practice* 17(4): 747–759.

Gardiner, Stephen, 2004, "Ethics and Global Climate Change," *Ethics* 114(3): 555–600.
Godard, Olivier, 2012, "Ecological Debt and Historical Responsibility Revisited: The Case of Climate Change," EUI Working Papers, RSCAS 2012/46.
Gosseries, Axel, 2004, "Historical Emissions and Free-Riding," *Ethical Perspectives* 11(1): 36–60.
Hart, H. L. A., 1968, *Punishment and Responsibility: Essays in the Philosophy of Law*, Oxford: Oxford University Press.
Huseby, Robert, 2015, "Should the Beneficiaries Pay?" *Politics, Philosophy and Economics* 14(2): 209–225.
Meyer, Lukas H. and Dominic Roser, 2010, "Climate Justice and Historical Emissions," *Critical Review of International Social and Political Philosophy* 13(1): 229–253.
Miller, David, 2009, "Global Justice and Climate Change: How Should Responsibilities Be Distributed," *The Tanner Lectures on Human Values*, pp. 117–156.
Neumayer, Eric, 2000, "In Defense of Historical Accountability for Greenhouse Gas Emissions," *Ecological Economics* 33: 185–192.
Page, Edward, 2012, "Give It Up for Climate Change: A Defense of the Beneficiary Pays principle," *International Theory* 4(2): 300–330.
Parfit, Derek, 1976, "On Doing the Best for Our Children," in Bayles, Michael D. (ed.), *Ethics and Population*, Cambridge, Mass.: Schenkman Publishing, pp. 100–115.
——, 1984, *Reason and Persons*, Oxford: Oxford University Press. (＝森村進訳 1998『理由と人格：非人格性の倫理へ』勁草書房)
Pickering, Jonathan and Christian Barry, 2012, "On the Concept of Climate Debt: Its Moral and Political Value," *Critical Review of International Social and Political Philosophy* 15(5): 667–685.
Schüssler, Rudolf, 2012, "Climate Justice: A Question of Historic Responsibility?" *Journal of Global Ethics* 7(3): 261–278.
Schwartz, Thomas, 1978, "Obligation to Posterity," in Sikora, R. I. and B. Barry (eds.), *Obligations to Future Generations*, Philadelphia: Temple University Press, pp. 3–13.
Shue, Henry, 1999, "Global Environment and International Inequality," *International Affairs* 75(3): 531–45.
Singer, Peter, 2002, *One World: The Ethics of Globalization*, London: Yale University Press. (＝山内友三郎・樫則章監訳 2005『グローバリゼーションの倫理学』昭和堂)
Smith, Kirk, 1991, "Allocating Responsibility for Global Warming: The Natural Debt Index," *Ambio* 20(2): 95–96.
——, 1996, "The Natural Debt: North and South," in Thomas W. Giambelluca and Ann Henderson-Sellers (eds.), *Climate Change: Developing Southern Hemisphere Perspectives*, Chichester: Wiley, pp. 423–448.

Usami, Makoto, 2007, "Global Justice: Redistribution, Reparation, and Reformation," *Archiv für Rechts- und Sozialphilosophie*, Beiheft 109: 162–169.

——, 2011a, "Intergenerational Justice: Rights versus Fairness," *Philosophy Study* 1 (4): 237–246.

——, 2011b, "Intergenerational Rights: A Philosophical Examination," in Patricia Hanna (ed.), *An Anthology of Philosophical Studies, Vol. 5*, Athens: Athens Institute of Education and Research, pp. 333–342.

Vanderheiden, Steve, 2008, *Atmospheric Justice: A Political Theory of Climate Change*, New York: Oxford University Press.

——, 2011, "Climate Change and Collective Responsibility," in Nicole A. Vincent, Ibo van de Poel, and Jeroen van den Hoven (eds.), *Moral Responsibility: Beyond Free Will and Determinism*, Dordrecht: Springer, pp. 201–218.

Warlenius, Rikard, 2013, "In Defense of Climate Debt Ethics: A Response to Olivier Godard," *Working Papers in Human Ecology*, No. 5.

宇佐美誠 2006「将来世代への配慮の道徳的基礎：持続可能性・権利・公正」鈴村興太郎編『世代間衡平性の論理と倫理』東洋経済新報社、255–282 頁。

—— 2011「グローバルな正義と歴史上の不正義」田中愛治監修、須賀晃一・齋藤純一編『政治経済学の規範理論』勁草書房、53–64 頁。

—— 2016a「世代間正義の根拠と目標」楜澤能生編『持続可能社会への転換と法・法律学』成文堂、71–95 頁。

—— 2016b「非同一性問題：生命倫理・世代間正義のアポリア」角田猛之・市原靖久・亀本洋編『法理論をめぐる現代的諸問題：法・道徳・文化の重層性』晃洋書房、114–125 頁。

Ⅲ　諸学の内省

第7章　環境の経済哲学序説

後藤玲子

1　はじめに

2017年2月26日、日経新聞は次の記事を載せた。「環境省の有識者会議は近く、二酸化炭素（CO_2）に値段をつけて排出企業などに費用負担させる『カーボンプライシング（炭素の価格づけ）』制度の導入が長期的な温暖化対策に有効とする報告書をまとめる。炭素税や排出量取引を想定しており、温暖化ガスの削減につながるだけでなく、低炭素技術などの開発と導入を促して経済成長にもつながるとみている」[1)]。

そのわずか8日後の2017年3月6日にCNNは、次の衝撃的なニュースを伝えた。トランプ大統領は「アメリカの最優先エネルギー計画」にて、気候変動に関するオバマ前大統領の「クリーンパワー計画」を撤回すること、すなわち、そこで立てられたカーボン排出削減目標の達成を中止し、国連気候変動に関するパリ協定へのアメリカ合衆国の参加を取り消し、同協定が実施するプログラムへの出資をとどめることを発表した[2)]。

一見対立するかのように見えて、二つの記事は共通の視点を浮き彫りにしている。いまや気候変動問題は、各国の経済成長を支える産業政策ならびにエネルギー政策の要として注目されている。さらに、国際間の経済的な競争と協調の試金石ともなってきている。だが、このような経済的アプローチには、見逃すことのできない重大な死角がある。それは、言葉のより原理的な意味で気候変動問題がもつ「倫理」的側面であり、哲学的意味である。

本章の目的は、気候変動問題に対する経済的アプローチと倫理的アプローチの課題それ自体の相違を対照させつつ、後者の可能性を探究することにある。以下に気候変動問題の原点とも言える水俣病を例にとり、本章の問題関心を示そう。

水俣病は世代間不正義の問題をつきつける。「母なる環境」という言葉が示すように、古来、母体は胎児を守るものであると信じられてきた[3)]。だが、残念ながら、胎児性水俣病の問題は、その医学的な常識を打ち砕くことになった。水俣病の罹患を逃れた母親たちの、当時はまだ胎内にいたはずの子どもたちに、病の跡がくっきりと表れてしまったからである。なぜ、いまだ生まれてもいない子どもが、過去世代の人々がもたらした公害病を、その身に背負って生きなくてはならないことになってしまったのだろうか。放心したある母親は、「お腹の赤ちゃんが水銀を吸い取ってくれた」とつぶやいた。その言葉を真剣に受け止めた医師の丹念な調査が、当時の医学上の常識を覆し、胎児性水俣病を発見することにつながった[4)]。

実際のところ、胎児が「母親の分まで」毒を吸ったのかどうかは分からない。また、たとえそこに科学的事実が認められたとしても、そのことは、ただちに、彼女が、結果に対して個人的責務を負う理由となりうるものではないだろう。それは訴追されるべき責任主体が後ろにたくさん控えているから、だけではない。少なくとも彼女に、個人的責務を負わせるべきではないという倫理的判断をわれわれが下すことができるからである。

この事例は次のより一般的問題として敷衍される。もし、今日、われわれが快適な生を享受できているのは、将来、生まれてくるはずの生命を犠牲にしてのことであったとしたら、どうであろうか。あるいは、今日、われわれが苦しみから逃れていられるのは、代わりにどこかで、痛み苦しむ存在があってのことだとしたら、どうであろうか。そのことは、私が、結果に対して個人的責務を負う理由とはならないかもしれない。だが、われわれが、将来世代に対して、あるいは、現在どこかで痛み苦しむ存在に対して、共同的責務を負う理由となりはしないか。そうすべきだという倫理的判断をわれわれは下すことができるのではないか。でも、いったい、われわれは、何に対して、どのように共同的責務を負えばいいのだろうか。

気候変動問題には二つの倫理的な論点が含まれているように思われる。一つは、たとえば気候温暖化の抑制によって、共通に便益を受ける主体（過去・現在・将来世代を含む）が、相応のコストを公平に負担し合うためにはどうしたらよいかであり、他の一つは、いまだ存在するかどうかそれ自体が定かではない——もっと言えば、われわれの手によってそのありようを大きく変えてしまうことのできる——存在（気候温暖化による被害を強く受ける存在、遠い将来世代を含む）に、負担を先送りしないですむにはどうしたらよいかである。

単純化を恐れずに言えば、前者は、基本的には、一定の社会「内」構成員間の（対称的な存在間の）協力のありかを問う、輪郭のはっきりとした問いであるのに対し、後者は、一定の社会「外」存在に対する（非対称的な存在への）責務のありかを問う、輪郭が定かではない問いである。前者の方が、経済的定式化がしやすいのは明らかだ。

従来、これら二つの問いが同時に発せられることは稀だった。近代の国民国家の形成をはじめとして、主権（自治権）、連帯、自律などの理念によって、「内」なるものの協力が求められるとき、「外」なるものの排斥は当然視されるきらいがあった。逆に、「外」なるものへの保護や恩寵が主張されるとき、その目的は「内」なるものの結束を強めること、その力と領土を拡張することにおかれるきらいがあった。

コロニアリズム、移民・難民の受け入れ拒否と制限、移住者の労働・福祉の未整備など、グローバル（不）正義に関する論議が近年、とみに高まってきた背後には、地球という空間の拡がりにおいて、この「内」「外」関係を問い返すという、あるいは、歴史的事実あるいは政治的観念として設定された「内」と「外」との境界の恣意性を批判する意図があった。

気候変動問題は、このような関心を、空間と時間の両方の拡がりにおいて、いっそう、推し進める。すなわち、それは「内」なるものと「外」なるものとの関係性について、より根源的な問いをわれわれに投げかける。

本章は、主として経済哲学の視点から、はたして、「外」なるものを「外」

なるものとして捉えることが可能なのか、という問いを考察する。より具体的には、気候変動に関連する経済的アプローチを概観し、「内」「外」の境界に無感応的な（それ自体は、分析上の仮定にすぎないものの）経済学理論——連続性の事実の前提——の哲学的含意を考察する。

本論に先立って、本章で言う「内」「外」を定義する方法について注記しておく。一つの方法は「存在」による定義である。「内」とはわれわれと同様な存在であり、「外」とはわれわれと同様だとは言えない存在である、と。この定義には客観的だという利点はあるものの、同様であるかないかの判断を科学的事実に求めるとしたら、あるいは、それを超越論的・形而上学的見解（われわれの与り知らぬところで定まる必然である）に委ねるとしたら、それらが及ばない対象までを含めようとするここでの議論には適さないことになる。

考えられる別の方法は「認識」に依拠する定義である。すなわち、「内」とはわれわれが認識可能な範囲を指し、「外」とは認識を超える領域をさす、と。もし、われわれ個々人によって認識可能な範囲が異なるとしたら、それらの積集合（共通認識）あるいは和集合（個々人の認識の寄せ集め）を用いることができる。だが、この定義にも依然として疑問が残される。そもそも参照点となる「われわれ」とはいったい誰のことをさすのだろうか。

仮に、いま、「われわれ」を意思決定主体（研究における、統治における、その他）として定義するとしよう。ジョン・ロールズの正義理論で言えば、意思決定主体とは、社会の基礎構造を規定する正義原理の制定者であるとともに、同一の正義原理に服する同一の「社会」（同一の政治的観念を共有できる単位）構成員でもあり、かつ、同一の正義原理を実現する行為者でもある（Rawls 1971. ロールズにおいては「制定者たちは自分たちが遵守できないものは制定しない」と仮定されていたことを想い起されたい）。ロールズの『万民の法』であれば、この社会の単位が、「社会連合」の単位に、すなわち、異なる正義原理をもつものの、その理由に関して相互に了解可能であり、かつ、ともに「万民の法」の制定に参加し、制定された法にしたがう用意のある単位へと拡げられることになる（Rawls 1999）。

アマルティア・センにおいては、意思決定主体は、「開かれた不偏性」をもつ公正な判断主体であるとされる（Sen 2009）。その集合は、本人が帰属する社会の構成員の集合とも、決定されたルールによって統治される利害当事者の集合とも重なる必要はない。むしろ、決定されたルールの影響を間接的に被る人々をも含める広く不偏的な視野をもつことが要請される。

本章では、センの定義に依拠しつつ、「内」「外」を意思決定主体の認識において定義する。すなわち、「われわれ」の「外」なるものは、より狭義には、意思決定主体の中のどの個人の認識も及ばない存在として（和集合の外）、より広義には、意思決定主体である個々人の共通認識が及ばない存在（積集合の外）として定義されることになる[5)]。

以上で準備が整った。次節では、気候変動問題に対する経済的アプローチと、関連する主要な経済学理論を概観しよう。

2　気候変動問題への経済的アプローチ

ひとりの個人においては、「内」なるものの協力は自我の統合の問題として、「外」なるものとの関係は他者の問題として現れる。しばしば指摘されるように、他者との競争的関係は、人が、個人として確立することの原動力ともなった。だが、トマス・ホッブズがすでに鋭く見抜いていたように、競争（さらには「不信、虚栄」）という関係は、本来的に対等な関係であることの裏返しに他ならない（ホッブズ 1992: 207）。つねに拮抗していないと対等性が維持できない——その意味では無駄に疲れをひきずる恐れはある——ものの、市場的な競争は本来的に平等に立脚した、「内」なるものの関係であって、上述した意味での「外」なるものとの関係ではない[6)]。

（1）新古典派経済学の方法——外部経済の内部化

新古典派経済学の関心はこの競争的関係のもとでの個人の合理的行動におかれる。たとえば、一般均衡理論では、所与の私的所有権（分配）と市場価格体系を共通のルールとする個々人の需給行動が、均衡において分配と価格を実際に定めるしくみが分析される。すなわち、それぞれの経済主体が価格の変化に応じて、つねに自己の効用を最大化する財の供給・需要量を選択し続けると、その軌跡（オッファー曲線と呼ばれる）の交点で均衡価格と均衡配分が同時決定される。ここでは無限小（atomless）の個人が無数に存在すると仮定される[7]。

それに対して、ゲーム理論では、個々の経済主体が直接、価格に影響を与えうる状況において、特定の経済主体が力をもち、市場を独占あるいは寡占する可能性が分析される。すなわち、一部の主体間で結託がなされ、他の主体に不利益を及ぼすことがあるという、情報と行為の非対称的関係、さらには「内」「外」関係が着目される。ただし、基本的には、どの主体も、合理的に自己の戦略を選び、他者と交渉する力をもち、非対称的関係を逆転させる可能性をもつ。その意味では、相互に対等な「内」なるもの同士の競合関係と協力のありかが探究されることになる[8]。競争に敗れ去り、市場に戻る可能性が完全にゼロである存在、あるいは、はじめから市場に参加する可能性が完全にゼロである存在、この意味で非対称的な関係におかれた他者は、通常、一般均衡理論にも、ゲーム理論にも登場してこない。

このような新古典派経済学の枠組みで、とりわけ気候変動問題との関連で注目される理論は、「外部経済の内部化」と呼ばれる方法である。そこでは、市場の「外」なるものを含むように、市場の「内」なるものの範囲を拡張し、拡張された範囲での主体間の均衡において、新たに整序的な価格体系を構成し、そのもとでパレート効率性を達成することが主要な関心とされる[9]。

たとえば、年金の世代間衡平性の文脈では、現在世代の引退期間と将来世代の稼得期間を、同期間として重複させるモデル、ならびに、親、子、孫といった異なる世代を家系（「王朝」）としてひとまとまりに捉えるモデルが考案された。前者では、異なる効用関数をもつ複数の世代間での資源移転問題（年金の賦課方式）を、各世代の生涯利得再分配（年金の積立方式）の問題として再定式化することを可能とする。後者は、親、子、孫といった世代間の利他的関心（外部経済）を、同一の効用関数をもつ一つの家系内での世代間再分配の問題として再定式化することを可能とする。

付記すれば、子どもを消費財とみなすか投資財とみなすかといった議論、あるいは、時間割引率に関する議論がここに加わる。これらはいずれも、各経済主体の効用関数、あるいは、資源制約を拡張し、たとえば、現在消費と将来消費（貯蓄）の振り分け方に影響を与えることになる。いずれにしても、個人あるいは家系の効用関数が仮定されると、世代間の分配問題は、自己利益最大化行動をとる各経済主体間の均衡として解かれることになる[10]。

CO_2の排出規制に関する議論も同様である。CO_2の排出規制という公共善が各経済主体にもたらす便益と、CO_2削減を行うことによって各経済主体が負担するコストを、ともに各経済主体の効用関数の定義域に組み込む。また、CO_2の排出規制に関する異なる代替的な政策をパラメーターとして各経済主体の制約条件に課す。その上で、各経済主体の自己利益最大化行動の結果、均衡においてもたらされる社会状態（将来世代への影響を含む）を予測しながら、異なる代替的な政策の望ましさを比較評価する。最終的に、CO_2の排出規制がどの程度なされることになるかは、各経済主体の効用関数、すなわち、CO_2の排出規制という公共善のもたらす便益をいかに査定するか、また、便益の増加にともない、自分が負担することになるコストとの増加をどのように評価するか、に決定的に依存することになる[11]。

(2) 環境経済学、あるいは、エコロジー経済学の視点

これに対して、環境経済学、あるいは、エコロジー経済学の視点は、市場における生産と消費、資源や財としての環境、という新古典派経済学の評価枠組みを越えて、環境（生態）そのものの価値、あるいは、それに対応する人々の生活そのものを評価することに向かう[12]。

それらは、環境をもっぱら経済成長の技術的・資源的パラメーターとして扱う視点から、地域・コミュニティあるいは生活／福祉圏の構成要素として扱う視点への移行を図ってきた。たとえば、交換価値・使用価値を超えて、環境それ自体の内在的価値に着目する、あるいは、可能態としての環境資源の統治原理を提出するなどである[13]。

そこでは、新古典派経済学とは異なり、一定の社会「内」構成員間の対称

的な協力に加えて、一定の社会「外」存在に対するわれわれの非対称的な責任のありかが問われる。本章では詳細を省くが、通常、それらの価値評価はグローバルな資本主義的市場経済とは独立に定まり、むしろ、それらの経済活動を外から規定する役割を負うものとされる[14)]。ただし、たとえば、地域通貨や社会的企業の概念で捕捉された価値に、一定の重みをつけて、再度、資本主義的市場経済に組み込み、市場経済を拡張する理論も構想される。

たとえば、ニコラス・ジョージェスク–レーゲンは、「（生命は）環境から低エントロピーを取り入れ、それを高エントロピーに変換することによってみずからを準定常状態に維持する」（ジョージェスク–レーゲン 1993: 13）という一般法則のもとで、経済的秩序の論理の再構築を試みる。彼の言う「エントロピーの流れの感覚」とは、「身体有機体の維持に直接結びついた活動を支配している感覚、冷温、飢え苦しみ・満腹感、疲労感・安息感」をさす。彼によれば、「経済過程の真の『産出物』は、廃棄物の物理的な流出ではなく、生の享受（enjoyment of life）である」（同上：365）。そして、「直接的であれ間接的であれ生の享受を支えるすべてのものは、経済価値のカテゴリーに属するとみなされる」（同上）。

ここで、「経済価値のカテゴリー」は、次の点で（市場経済で定まる）「価格の概念と同一ではない」という（同上：370）。「価格は当該の対象物が、社会のある構成員にたいしてその使用を拒否できるという意味において『所有』できるかどうかに依存している」のに対し、「価値は、知識の進歩によってのみ変化しうるカテゴリーであり、また重要度の序列の弁証法的な目盛の上にしか、投影できないカテゴリーである」（同上：370）という。

「生の享受」を支えるすべてのものに関して、個々人の私的所有権と選好、集合的な需給関係に依存することなく、「外」なるものの経済価値のカテゴリーをいかにして評価するのかが、エコロジー経済学の中心的課題に据えられよう。とりわけ新古典派経済学との関係では、私的所有権と価格体系に依拠し、「外」なるものの価値を、「内」なるものに内部化してしまうことなく、それぞれの文脈に適合した論理で測るための方法が課題として浮上する。これが、グローバルに普遍化しがちな資本主義的市場制度を相対化する重要な射程をもつことは間違いない。

だが、価値評価をなす前に、そもそもわれわれは、「外」なるものを「外」なるものとして認識しつづけることができるのだろうかという疑問が、湧き起こる。これはまさに本章の主題に他ならない。次節では、この問題を考察するために、少し迂回して、連続と無限に関わる逸話を検討しよう。

3　存在における収束不可能性と行為における到達可能性

> 未来を想定しようとする際に、われわれは、空間上にプロットされた点の無限流列を思い描いてしまうことがある。連続性と無限に依拠した経済学的定式化のいくつかは、われわれのそのような直観を厳密に表現する。だが、それは、あらかじめ書き込まれた将来への連続的な工程を表すものではあっても、未知なるものとしての未来を表すわけでも、あるいは、未来に訪れる存在の生に到達できることを示すわけでもない可能性がある（デュピュイ 2011）。

同様に、不利性を被った人の境遇を捉えようとする際に、われわれは、余暇と所得からなる財空間上の消費ベクトルの点列、あるいは、その空間上に定義された効用の無限流列を思い浮かべてしまうことがある。だが、それは、ひとりの個人の内的変化を連続的に表すものではあっても、実際に不利性を被った個人に連続的に近づけることを表すわけでも、あるいは、異なる境遇をもつ個人に到達できることを示すわけでもない可能性がある。

しかしその一方で、異なる主体間の存在論的には縮めることのできないはずの隔たりを、行為がやすやすと飛び越えるときもある。たとえば、不利性を被った当事者にはたして支援が届きうるのかと懸念する人々の思枠を越えて、当事者に支援する行為がたしかに届いた、そうみなしてよい場合がある。以下では、ゼノンの「アキレスと亀のパラドックス」とその解法の検討を通じて、境遇における隔たりの意味と、行為による到達の可能性、ならびに、両者をともに視野に収める認識枠組みについて考察する。

ゼノンの「アキレスと亀のパラドックス」は、アリストテレスによって次のように紹介されている。

> 走ることの最も遅いものですら最も早いものによって決して追いつかれないであろう。なぜなら、追うものは、追いつく以前に、逃げるものが走り始めた時点につかなければならず、したがって、より遅いものはいくらかずつ先んじていなければならないからである（アリストテレス 2007: 253）。

ここで走ることの最も遅いものとは亀を、最も早いものとはアキレスをさす。アキレスと亀の間に無限の中点が繰り広げられるとしたら、アキレスはそれらに隔てられ、永遠に亀に追いつくことができない。これがパラドックスのポイントである。もちろん、実際に両者が走るとしたら、アキレスは亀をやすやすと追い抜くことをわれわれは知っている。だが、なぜそうだと言えるのだろうか。

この難問に対して、アンリ・ベルグソンがこれを点の無限流列とは区別された「運動」概念を用いて説明しようとしたことは知られている[15)]。ベルグソンの議論は、速度 × 時間＝距離という単純な式を用いて確かめることができる。距離と時間という二つの次元から構成される空間で、速度の傾きがよりシャープなアキレスが、両者の隔たりを次第に狭めていって、速度のより遅い亀に追いつく時点が、有限時間内にあることは明らかだろう。解をもたらす秘訣は、「移動する」という行為においては、速度、時間ともに、個人間比較可能な測定単位が設定されうることにある。

パラドックスの解法として知られている数学的解法は、等比級数である。いま、初期のアキレスと亀との間の距離を1としよう。より速く走ることでアキレスは両者の距離を $\frac{1}{2}$ まで縮めたとする。さらに、走り続けてその距離を $\frac{1}{2^2}$ まで縮めたとする。これを無限回繰り返していくと、アキレスが縮めた長さの合計 S は、$S=\frac{1}{2}+\frac{1}{2^2}+\frac{1}{2^3}+\cdots$ と表記される。もしこの答えが1以上であれば、両者の隔たりはゼロになる。

答えが1になることは、たとえば、$\frac{1}{2}S=\frac{1}{2^2}+\frac{1}{2^3}+\cdots$を構成し、$S-\frac{1}{2}S$を計算して整理すると、容易に確かめられる[16)]。

両者の隔たりがゼロになるというこの説明は、あたかもアキレスが亀に収束していくかのような印象を与える[17)]。だが、それは錯覚かもしれない。なぜなら、$\frac{1}{2}S=\frac{1}{2^2}+\frac{1}{2^3}+\cdots$、という式は、アキレスと亀との距離を当初の仮定の半分とした上で、上記のプロセスを繰り返すこと（つまり、アキレスは両者の距離を縮めることを無限回繰り返していくこと）を意味するが、それ自体がいかなる内容をもつのかについては明らかにされないからである[18)]。無限の点流列のある部分が、無限の別の点流列によって形式的には帳消しにされるとしても、それぞれの点流列の両者が内容の異なったものであるとしたら、帳消しにすることが許されるのかという疑問が残される。

別の角度から問題を眺めよう。いま、「私」と何らかの不利性を被った「彼」との中点に、両者の境遇を折衷した「個人1」が位置し、個人1と「彼」との間に、両者の境遇を折衷した個人2が位置し、個人2と「彼」との間に両者の境遇を折衷した個人3が位置する、という具合に、限りなく彼に近い境遇の個人が現れたとしよう。初期の「私」と「彼」との境遇の隔たりを、等比級数を使って計算すれば、答えはゼロ、つまり、「私」の境遇は不利性を被った「彼」の境遇に収束することになる。だが、「私」と「彼」の間に、またしても現れる無限の個々人の連なりが、それぞれどのような内容の苦境を表すものであるのか、はたして、数学的に同型だからといってそれらを部分的に帳消しにしていいものなのか、という疑問は依然として残される。

以上、ゼノンの「アキレスと亀のパラドックス」とその解法に関する本節の解釈は、次のようにまとめられる。アキレスは、その存在（境遇）においては、亀に収束することは決してない。限りなく亀に近寄ったとしても、両者の間にはなお隔たり（無限の連なり）が残される。その範囲は当初と比べて大きく狭められているとしても、隔たり自体は、無視することのできない質的相違をもっている可能性がある。その一方で、アキレスは、「移動する」という行為においては、亀よりも速い速度をとることにより亀に到達する可能性をもっている。たとえば、彼は、目前を走る亀が転倒しそうになったとき、より速いスピードで走り寄って亀を助け起こすこともできるかもしれない。

存在における収束不可能性と、行為における到達可能性という本節の結論は、「外」なるものを「外」なるものとして捉えた上で、「外」なるものに対して倫理的責務をはたす可能性を示す点で興味深い。このような議論の組み立ては、困っている人に同情するという人間の傾向的な事実に依拠することなく、「親切をせよ」という定言命法にしたがって、倫理的行為を実現する可能性を説明したカントの道徳理論とも共通する。次節では、この議論を連続性の事実の哲学と比較する。

4　連続性の事実の哲学

(1) ヌスバウムの議論

マーサ・ヌスバウムは、センとならぶケイパビリティ・アプローチの提唱者として知られる。財そのものではなく、また、財から得られる主観的効用でもなく、財の利用によって達成可能となる行いやありようの範囲、すなわちケイパビリティを、制度・政策評価の情報的基礎とする点において、両者は共通する。ただし、その定式化の方法にはいくつか違いがあり、その違いはケイパビリティ・アプローチの背景的思想の違いに関連してくる。

その一つが連続性の事実であり、これに関するヌスバウムの立場は、むしろ、（彼女が批判しているはずの）新古典派経済学の議論と親和的である点が興味深い。たとえば、次の引用が参照できる。

> もしわれわれが、生涯にわたって医学的障害をもつ人々の状況と「通常」の生の様相をもつ人々の状況との連続性を承認するのだとしたら、われわれは、また、障害をもつ人々を尊重し、包摂する問題と、それと呼応してケアを提供する問題は、きわめて広く、あらゆる社会のあらゆる家族に深く影響することをも、承認するはずだ（Nussbaum 2006: 101）。

ここでは、生来の障害を抱えて生きている人と、「ノーマル」な生の局面にいる人との連続性が強調される。その上で、障害をもつ人々を尊重し、包摂し、ケアを提供すべしという規範の根拠は、あらゆる社会におけるあらゆる家族が事実、互いに無縁ではないからだと主張される。ヌスバウムは、このような連続性の事実を理論前提としながら、ロールズ正義理論における原初状態の装置を、（ロールズが困難事例として正義理論の範囲から排除しようとした）障碍者らを含む形で拡張しようとする。

重篤な精神障害をキイワードとして、このようなヌスバウムの試みを、ロールズの原初状態の装置を構成する要件に遡って検討し直したヘンリー・リチャードソンの議論も同様に、連続性の事実に依拠している。

> 障害に関する根本的事実は……人の潜在能力はみな何らかの点で欠陥があるということだ。これは障害の連続性（a continuum of disability）に他ならない（Richardson 2006: 442）。

ただし、リチャードソンは、一方で、このように障害者と非障害者という二分法を否定し、障害の連続性を主張しながら、他方で、「尊厳」概念ならびにケイパビリティの「閾値」に依拠するヌスバウムの理論に内的矛盾を見出している。後者は、尊厳のある／なしの観点から、再度、二分法的論理をすべりこませる恐れがあるからである。あるいは、閾値の設定の仕方をめぐって恣意性をもたらしかねないからである。

ここでは詳細を省くが、次の疑問も湧く。ヌスバウムの立論においては、「尊厳」概念ならびにケイパビリティの「閾値」は事実としてではなく、規範として主張されるべきものではないだろうか。もし、そうだとしたら、障害の連続性の事実に関する議論はリダンダンドになるのではないだろうか。以上、二つの疑問点との関連で参照されるのが、ロナルド・ドゥオーキンとセンの論争である。ドゥオーキンは、次のように、実行不可能性を理由として潜在能力アプローチを批判する。「初期賦与をどれだけ補償しようとも身体的あるいは精神的資源に関して、視覚障害や知的障害をもって生まれた人々と普通に生まれた人々を等しくすることはできない」(Dworkin 1981: 300; cf. Sen 1984: 321)。これに対するセンの応答は次のとおりである。

> 重大な障害を持っている人の場合には、到達水準の平等を満たすのは困難かもしれない。……しかし、私は、到達水準の平等が実現不可能であることを理由に方法を決めてしまうのは正しくないと主張したい。どのようにしても、障害を持っている人に、たとえば他の人と同じように自由に動き回る能力を、他の人と同じ水準だけ享受する自由を与えることができないときがある。だが、そうだとしても、各人が達成可能な最大値を所与の基準として――障害のない人の方がずっと高い――、両者に同量の手当てを与えるよりは、障害のある人の能力を、水準未満の範囲で、最大となるよう試みる方が正しいことがある(Sen 1992: 91)。

「到達水準の平等」という分配基準は、個々人の多様性を踏まえた上で、誰であろうとも平等に保障されてよい基本的な自由の価値(リストやレベル)を示し、それを実現するために、不利な立場の人により多く分配する方法である。はたして、この分配基準をどの程度まで機能させるか、他の基準との関係でいかに重みづけるかは別として、少なくとも次の点について、ドゥオーキンとセンは合意するのではないだろうか。

> このようなレトリック(たとえば「人は生まれながらに平等である」)は、平等主義の重要な要素と見なされているが、個人間の差異を無視することはじつは非常に反平等主義的であり、すべての人に対して平等に配慮しようとすれば、不利な立場の人を優遇する「不平等な扱い」が必要になるかもしれないという事実を覆い隠すことになっている(Sen 1992: 1)。

注記すると、ヌスバウムにとって連続性の事実は、規範としての平等を導出するための前提としておかれたものだとしたら、ここでの結論は、規範としての平等を主張する上で、連続性の事実は論理的な必要条件とはなりえないというものである。以下では、さらに、一歩進めて、連続性の事実を前提とすることは、ヌスバウム自身の意図に反して、規範としての平等議論を弱めることになりかねないことを議論する。

(2) 社会厚生関数

功利主義とマキシミン原理は、いずれも、次に定義されるパレート効率性条件Pと匿名性条件Aを満たす点で共通する。

【パレート（弱）条件】 社会状態xとyを比べて、すべての個人がyはxより善いと評価するとしたら、社会的にもyはxより善いと評価するべし。

【匿名性条件】 個々人のある選好順序プロファイルを考える。いま、個々人の名前を1対1対応で別の個人の名前に変えたとしよう。このとき、もとの選好順序プロファイルにもとづいて形成される任意の社会的ランキングは、変化後のプロファイルにおいても保たれなければならない。

パレート条件・匿名性条件ともに完備性を満たさない。すなわち、前提条件が成り立たない場合には沈黙するしかないので論理的には弱い要請と言えるだろう。だが、パレート条件は個々人の人称性を保持した上で個人間の対称性の仮定を内包するのに対し、匿名性条件は、人称性の否定、すなわち、「想像上の立場の交換」（アダム・スミス、リチャード・ヘア）を意味する点で、倫理的には強い要請だと言えるだろう。これにより、ランキング・プロファイルのパターンが変わらないかぎり、たとえば、個人間で事前的順位と事後的順位が反転することが積極的に容認されることになるからである。この匿名性条件は、次に定義される連続性の仮定とともに、経済学ではテクニカルな条件として受容されることが多かった。解の存在を保障するからである。

【選好の連続性】　どのような財の組ｘでも、そこでの関係 R_i の上方等価集合、すなわち $\{y|yR_ix\}$ と下方等価集合、すなわち $\{x|xR_iy\}$ は閉集合である。つまり、それらはそれらの境界を含む。

これらは功利主義とマキシミン原理が共通に満たす性質である。功利主義は、個人間の基数的単位比較可能性を仮定した上で（水準の比較可能性は不要）、総効用の最大化を目的とする。それに対して、マキシミン原理は、個人間の水準比較可能性を仮定した上で（基数的単位比較可能性は不要）、最小効用水準の最大化を目的とする。アーサー・ピグーらが仮定していたように、効用関数が個人間で同一と仮定できれば、功利主義のもとで、平等な資源分配が帰結する。また、もし、どの政策のもとでも最小効用水準にとどまる人がいて、しかもその人の効用増加分がどの個人よりも高い値としたら、功利主義がもたらす解はロールズ解と一致する。両者の違いがシャープに表れるのは次のパレート（強）条件による。

【パレート（強）条件】　社会状態ｘとｙを比べて、すべての個人がｙはｘと少なくとも同じくらい善いと評価し、ある個人がｙはｘより善いと評価するとしたら、社会的にもｙはｘより善いと評価するべし。

功利主義はこのパレート（強）条件を満たすが、マキシミン原理はこれを満たさない。たとえば、所得階層の第１五分位に位置する個人の効用のみが増加し、第２五分位以下に位置する個々人の所得にまったく変化のない分配方法があるとしたら、功利主義はそれをよりよいと判断するのに対し、マキシミン原理は無差別とするか沈黙する。繰り返すと匿名性条件を満たす点で、功利主義は人称性に関してマキシミン原理と同様に強い道徳的要請をなす。功利主義の支持者は、どの所得階層に位置することになるか、まったく分からない不確実性下で、等確率の仮定のもと、個人内の平均効用（総効用）最大化に同意するか、あるいは、社会全体の総効用の最大化のために、自己犠牲をいとわない倫理的覚悟をもつかのいずれかであろう。いずれにしても功利主義のもとでは、限界効用が低いとみなされるかぎり、たとえ高い必要をもつとしても、その個人への資源分配は無用とされかねない[19]。

ロールズ自身は、資源移転にともない、生産性の高い個々人の就労インセンティブが低下する可能性のあることを考慮に入れていた（Rawls 1971; 後藤 2002）。完全平等が実現する手前で低下がおこり、低下率が総生産量を下げるほどである場合には、功利主義においても、マキシミン原理においても、完全平等は最適解として選ばれないことになる。効用可能性フロンティアが45度線の手前で緩やかに反転するとすれば、功利主義の方が、最適解において不平等度が高くなる。

だが、ロールズの議論において、資源移転にともない、高生産性者の就労インセンティブが低下するという仮定の妥当性は、十分に議論されていない。この議論を補うものが、無羨望理論である。いま、2人の個人ＡとＢがいて、Ｂだけが視覚障害をもつとしよう。また、個人Ａは個人Ｂに比べて、賃金率がより高く、余暇選好がより強いとしよう。所得と余暇からなる財空間で見るならば、個人Ａは余暇は少ないものの、従前所得が圧倒的に多い。そこで、個人Ｂは個人Ａを羨んでいるとしよう。ところが、ＡからＢへの所得移転をなすと、両者ともに相手を羨望する状況が作り出される。さらに、移転を進めると、個人Ａだけが個人Ｂを羨望するという逆転現象が引き起こされる。

少なくとも財空間に議論を限定するとしたら、ヌスバウムが依拠する障害の連続性の事実が論理的に成立しうる。だが、そのような立論方法は、ヌスバウム自身の意図に反して、規範としての平等議論を弱めることになりかねない。特定の人々が被っている絶対的な不利性（たとえば、公共空間における極度の情報制約）を覆い隠すことにより、一般の人々に、（スミスの言う「想像上の立場の交換」ではなく）「現実の立場の交換」可能性への危惧をもたらしかねないからである。それは、「各人に各人のものを」という格言に凝縮された公平基準に反するとして、激しい反発を招く結果になりかねない。ロールズが洞察した就労意欲の喪失は、格差原理の定義域を所得と富という経済的空間に限定したことと無縁ではない。

このことは、機能空間上に視野を拡大することにより、確認できる。上述の例で、「自転車で通勤する」「絵画を鑑賞する」という二つの軸からなる機能空間を考えよう。個人Ａから個人Ｂへの資源移転を進めると、次第にＢがタクシーを含む公共交通を利用し、ライブ音楽を鑑賞する機会を増す一方、Ａが美術館のチケットを購買する機会は減少するかもしれない。だが、自転車を乗り回し、絵画を鑑賞するＢの姿にＡが羨望する状況は、よほどの技術革新が起こらないかぎり、生じがたいであろう（後藤 2017）。

機能空間ではヌスバウムが依拠する障害の連続性の事実という理論前提は、やすやすとは成り立たない。だが、だからこそ、規範としての平等議論を要請する十分な理由が認められるのである。

5　結びに代えて

気候変動に関連する経済的アプローチの特徴は、「外部経済の内部化」にある。すなわち、市場の「外」なるものを含むように、市場の「内」なるものの範囲を拡張し、新たな均衡において、整序的な価格体系を再構成し、パレート効率性を達成する方法である。他者への同感を切望すればするほど、連続性の事実という理論前提は倫理的な魅力を帯びてくる。だが、「はじめに」で紹介したように、胎児性水俣病は、あえて胎児を母親の「外」なるものとして捉えることによってはじめて、同定することが可能となった。

この事例を敷衍しつつ、本章は、経済的アプローチとはまったく逆に、はたして、「外」なるものを「外」なるものとして捉えることが可能なのか、という問いを立てた。そして、「内」「外」の境界に無感応的な経済理論――連続性の事実という前提――の哲学的含意を考察した。

結論的には次の諸点が示された。第一に、連続性の事実という理論前提は、人称性を否定する匿名性条件とともに、道徳原理と親和的である。ただし、それは、（想像上ではなく）「現実の立場の交換可能性」への恐れと羨望あるいは不公平感を、人々の胸に惹起することにより、ロールズ正義理論の到達点でもあった民主的平等の観念を、内側から切り崩す恐れがある。第二に、

「アキレスと亀のパラドックス」とその解法に関する再解釈は、存在における収束不可能性と、行為における到達可能性は、論理的に独立した問題であること、前者は後者をただちに否定するものではない点を示唆する。このことは、存在における連続性の事実は、平等規範が行為において実現可能であることの必要条件ではないことを示唆する。

筆者は別稿で、「外」なる存在に気づくことが、「内」なるものの協力の契機となることを示した。また、「外」なる存在にお礼するどころか、契機となった事実を忘れ、協力はもっぱら自分たちで実現したのだと錯覚してしまうとしたら、再度、争いが起こる恐れのあることを示した。あるいは、「外」なる存在を、「内」なるものの協力を実現する手段として、内部化してしまうとしたら、彼らは目的として尊重されない恐れのあることを示した[20]。

いまだ存在することそれ自体が定かではない――もっと言えば、われわれの手によってそのありようを大きく変えてしまうことのできる――存在（遠い将来世代を含む）に、負担を先送りしないですむにはどうしたらよいか、その存在をわれわれ自身の目的の手段としてしまわずにすむにはどうしたらよいか、これはたしかに難問である。だが、気候変動問題の文脈で、この難問に答えるヒントは、われわれの足元にありそうだ。

たとえば、日本の公的扶助制度の目標は、いまここで、すべての個人が一定の健康で文化的な水準を保つことができることにおかれる。そこには、標準的リスクに対して従前稼得所得の一定割合の補償を目的とする他の社会保障制度とは異なって、いっさいの価値づけを止めて個々人の存在を目的として尊重する思想がある。日本のリベラリズムは、不十分ながらも、この公的扶助制度に関して、制度それ自体がもたらす不連続性と差別、たとえば、公的扶助の受給者と非受給者との間の序列関係、あるいは、公的扶助受給を理由とする市民的・政治的自由の制限に対抗しつつ、個人の基本的権利を実効的に守る論理を提供してきた。また、貨幣一元化の論理を内包するという限界を持ちながらも、その適用範囲を、就労意思や私的扶養の有無や国籍で条件づけない方法を模索してきた[21]。

「外」なるものを「外」なるものとして捉えることが、実のところ、「内」

なるものの協力の契機となりうる、この事実に深く感謝しながら、それを「外」なるものへの共同的責務につなげる一方で、「外」なるものを目的それ自体として尊重するためにはどうしたらよいか。日本のリベラリズム思想と福祉国家制度のさらなる改善を展望して、結びとしたい。

注

1)　その一方で、経済産業省の長期的な地球温暖化対策を検討する有識者会議では、日本ではすでに高額のエネルギー諸税などの施策が実施されており、カーボンプライシングの有効性を疑問視する見解が出されたことが同記事にて紹介されている。

2)　Stavins 2016（http://www.pbs.org/newshour/making-sense/trumps-victory-mean-climate-change-policy/).

3)　「『毒物は胎盤を通らない』。これが当時の医学上の常識であった」（原田 2007: 32)。

4)　その後、母体に重大な生涯を与えることなく、胎児に重篤な影響を与える事例が、サリドマイド事件、カネミ油事件、枯葉剤汚染などで報告されたという（原田 2007: 41)。

5)　ここで興味深い問いは、意思決定主体が自分たちの認識の外にある存在に負担を先送りする意思決定をしないことが、自分たちの間で協力関係をつくりあげることに、どのような意味をもつのかである。結びにて簡単にふれたい。

6)　詳細は省くが、アダム・スミスとジャン–ジャック・ルソーの関心はより広い。だが、両者の主要な関心もまた、「同」なるもの、「共」なるものの取引・契約に向かう。

7)　奥野・鈴村 1985 などを参照。

8)　岡田 2011 などを参照。

9)　たとえば、環境税の賦課、補助金の給付、排出取引制度の活用などが考えられている。なお、環境税の賦課には、パレート効率性の達成（ファーストベスト）を実現するピグー税の他（Pigou 1920)、外的に定められた汚染削減基準を実現するものの、パレート次善（セカンドベスト）にとどまるボーマル＝オーツ税などがある（Baumal and Oates 1971)。

10)　利他的動機を仮定した世代重複モデルなど（石川 1992、Ihori 1996, 井堀 2002 などを参照)。

11)　被害補償額の算定にあたっては、環境を守ることによる個々人の効用の限界的増加分を測る Willingness to Pay 方法、環境が損なわれることによる個々人の効用の限界的減少分を測る Willingness to Accept 方法、さらにアンケート等を下に仮想的に価格を見積もる CVM（contingent valuation method）方法などが考案されている。柴田 2002 などを参照。

12)　植田 2016 など。

13） Sato 2012など。

14） 植田2016など。

15） ベルグソンによれば、「ゼノンは運動そのものを運動が通過した空間と混同している。運動が残した軌跡は動かない。不動の軌跡を分割して再構成しても、運動そのものには届かない」（篠原2006: 35–36）。斉藤2017にも関連する議論がある。

16） $S-\frac{1}{2}S=\left(\frac{1}{2}+\frac{1}{2^2}+\frac{1}{2^3}+\cdots\right)-\left(\frac{1}{2^2}+\frac{1}{2^3}+\cdots\right)=\frac{1}{2}+\left(\frac{1}{2^2}-\frac{1}{2^2}\right)+\left(\frac{1}{2^3}-\frac{1}{2^3}\right)+\cdots=\frac{1}{2}$

となる。

17） R^nの点列$\{x^v\}$に対し、その収束は次のように定義される。すなわち、$a, x^v \in R^n$ $(v=1, 2, \cdots)$に対して、$\lim d(x^v, a)=0$となるとき、点列$\{x^v\}$はaに収束するといい、$\lim x^v = a$と表す（二階堂1991［1960］: 75）。

18） もちろん、ここでまた、$\frac{1}{2}S-\frac{1}{2^2}S$という操作をすれば、$\frac{1}{2}S=\frac{1}{2}$という解をえる。だが、$\frac{1}{2^2}S=\frac{1}{2^3}+\frac{1}{2^4}+\cdots$はどうなるかという疑問が残る。

19） 付記すれば、経済的合理性にもとづくと、功利主義の下では、個々人は自分が望む資源分配への移行に関して自分の限界効用をより高く申告するインセンティブをもつ可能性がある。皆がそうであれば、総資源一定の下で、総効用は実際よりも上方にシフトする可能性がある（いわゆるレベリングダウンの逆）。理論的には検討する価値があるかもしれない。

20） 以上、後藤2016：序。

21） 戦後日本の福祉国家制度の到達点と限界、可能性について、後藤2015: 第II部、後藤2016: 序、後藤2017: 第7章などを参照。

文献

Baumal, William J. and Wallace E. Oates, 1971, "The Use of Standard and Price for Protection of the Environment," *Swedish Journal of Economics* 73(1): 42–54.

Dworkin, Ronald, 1981, "What is Equality? Part II: Equality of Resources," *Philosophy and Public Affairs* 10(3): 283–345.

Ihori, Toshihiro, 1996, *Public Finance in an Overlapping Generations Economy*, London: Macmillan.

Nussbaum, Martha C., 2006, *Frontiers of Justice: Disability, Nationality, Species Membership*, Cambridge, Mass.: Harvard University Press.（＝神島裕子訳2012『正義のフロンティア：障碍者・外国人・動物という境界を越えて』法政大学出版局）

Pigou, Arthur C., 1920, *The Economics of Welfare*, 4th ed., London: Macmillan. 1952.（＝永田清・気賀健三訳1973–1975『厚生経済学』東洋経済新報社）

Rawls, John, 1971, *A Theory of Justice*, Cambridge, Mass.: Harvard University Press.（＝川本隆史・福間聡・神島裕子訳2010『正義論　改訂版』紀伊國屋書店）

——, 1999, *The Law of Peoples*, Cambridge, Mass.: Harvard University Press.（＝中山

竜一訳 2006『万民の法』岩波書店）
Richardson, Henry S., 2006, “Rawlsian Social Contract Theory and the Severely Disabled,” *Journal of Ethics* 10(4): 419–462.
Sato, Jin (ed.), 2012, *Governance of Natural Resources: Uncovering the Social Purpose of Materials in Nature*, New York, United Nations University Press.
Sen, Amartya K., 1984, “Rights and Capabilities” in Amartya K. Sen, *Resources, Values and Development*, Oxford: Basil Blackwell (republished Cambridge, Mass.: Harvard University Press, 1997).
——, 1992, *Inequality Reexamined*, Oxford: Clarendon Press.（＝池本幸生・野上裕生・佐藤仁訳 1999『不平等の再検討：潜在能力と自由』岩波書店）
Stavins, Robert, 2016, “What Does Trump's Victory Mean for Climate Change Policy?” PBS Newshour, November 11.
アリストテレス（内山勝利・神崎繁・中畑正志編集）2017『アリストテレス全集 4　自然学』岩波書店。
石川経夫 1991『所得と富』岩波書店。
植田和弘編 2016『大震災に学ぶ社会科学　第 5 巻　費用と被害の包括的把握』東洋経済新報社。
岡田章 2011『ゲーム理論』新版、有斐閣。
奥野正寛・鈴村興太郎 1985『ミクロ経済学 I』岩波書店。
ガタリ、フェリックス（杉村昌昭訳）2015『エコゾフィーとは何か：ガタリが遺したもの』青土社。
国立社会保障・人口問題研究所編 2002「世代間移転、経済成長と資産課税」『社会保障と世代・公正』東京大学出版、151–179 頁。
後藤玲子 2002『正義の経済哲学：ロールズとセン』東洋経済新報社。
—— 2015『福祉の経済哲学』ミネルヴァ書房。
—— 編 2016『正義』ミネルヴァ書房。
—— 2017『潜在能力アプローチ：倫理と経済』岩波書店。
斉藤尚 2017『社会的合理と時間：「アローの定理」の哲学的含意』木鐸社。
篠原資明 2006『ベルクソン〈間〉の哲学の視点から』岩波書店。
柴田弘文 2002『環境経済学』東洋経済新報社。
ジョージェスク-レーゲン、ニコラス（高橋正立・神里公訳）1993『エントロピー法則と経済過程』みすず書房。
鈴村興太郎編 2006『世代間衡平性の論理と倫理』東洋経済新報社。
デュピュイ、ジャン・ピエール（嶋崎正樹訳）2011『ツナミの小形而上学』岩波書店。
二階堂副包 1991［1960］『現代経済学の数学的方法』岩波書店。
ノードハウス、ウィリアム（藤﨑香里訳）2015『気候カジノ：経済学から見た地球温暖化問題の最適解』日経 BP 社。
原田正純 2007『豊かさと棄民たち：水俣学事始め』岩波書店。
ホッブズ、トマス（水田洋訳）1992『リヴァイアサン（一）』岩波文庫。

第8章　気候変動においてカントは動物を考慮するか

瀧川裕英

1　気候変動と正義

(1) 気候変動と貧困

地球が温暖化している。IPCC（Intergovernmental Panel on Climate Change: 国連気候変動に関する政府間パネル）が2013年から2014年に発表した第五次評価報告書によれば、1880年から2012年の期間に、陸域と海域を合わせた世界平均地上気温は0.85℃上昇した。また、最近30年の各10年間は、1850年以降のどの10年間よりも高温だった。このような20世紀半ば以降の温暖化の主な要因は、人間の影響の可能性がきわめて高いとされる。地球の温暖化は今後も継続すると予測されている。今世紀末の2081年から2100年の世界平均地上気温は、1986年から2005年の平均よりも、最小で0.3℃、最大で4.8℃上昇すると見られている[1)]。

こうした気候変動の何が問題なのか。

ダレル・メーレンドルフの回答は明快である。メーレンドルフによれば、気候変動の中心にあるのはグローバルな貧困問題である（Moellendorf 2014: 1）。気候変動は、貧困者が多く居住する熱帯地方に、洪水・干ばつ・台風・熱波・感染症などの悪影響を与えると予想されている。また、貧困者はこうした悪影響に対処する資源を欠いている（Moellendor 2014: 17）。このようにグローバルな貧困を深刻化させることが、気候変動の問題である。

したがって、気候変動への対応策を考えるときに重要なのは、気候変動やその対応策のコストがグローバルな貧困の削減に逆行しないことである。つまり、グローバルな貧困を削減すべく、気候変動に対処しなければならない（Moellendorf 2014: 22）[2]。

気候変動を貧困問題として捉えるのは、メーレンドルフだけではない。トニー・フィッツパトリックも、気候変動と貧困の相互連関を強調し、それらは環境社会という一つの問題（an ecosocial agenda）だという。貧困者の少ない社会が望ましいにもかかわらず、地球温暖化の進行はそのような社会を持続不可能にしてしまうため、社会政策と環境政策のシナジーが求められる（Fitzpatrick 2014: 1–15）。

（2）生物は問題か

このように、気候変動を貧困問題として捉えるときに、見逃してはならない問題が二つある。未来と生物である。第一に、気候変動の影響は長期におよぶ。そのため、未来世代への責任は重要な問題として残る[3]。第二に、気候変動の影響は人類のみならず他の生物にもおよぶ。そのため、その影響をどのように考慮すべきかという問題が残る。ここでは後者の問題に着目しよう。

地球温暖化の生物への影響については、さまざまな議論がある。CO_2 施肥効果により、植物の光合成は増加し、植物の成長は早くなる。そのため、食物連鎖を通じて動物の食料は増加する。また、中高緯度の生物では、温暖化によって冬期の厳しさが緩和され、生育期間が延びる。他方で、温暖化やそれにともなう乾燥化・湿潤化に対応できない生物も出てくる。溶け出した氷山に佇むホッキョクグマや白化したサンゴはその象徴である。

未来の問題と生物の問題は独立している。そのため、両者を合わせた「未来の生物」の問題も存在しうる。生物の問題にいかなる回答を与えるかは、気候変動の問題圏を格段に拡張することになる。

「気候変動と生物」という問題設定は、気候変動をめぐる議論のなかで、十分検討されてきたわけではない。例外的にクレア・パーマーは、気候変動に関連して、グローバルな問題と将来世代の問題のみが扱われてきたことに異をとなえ、自然の問題も論じるべきだと主張する。パーマーが扱うのは、種・生態系・個々の生物である。パーマーは気候変動がこうした存在を害するかを検討していくのだが、こうした存在が「道徳的に考慮に値すること（moral considerability）」は議論の前提とされている（Palmer 2009: 274）。本章で論じるのは、この前提である。

（3）道徳的地位と権利

道徳的に考慮に値することは、「道徳的地位」と呼ばれる。『道徳的地位』の著者であるメアリー・アン・ウォレンの定義では、「道徳的地位（moral status）とは、道徳的に考慮される（morally considerable）ということであり、道徳的な当事者適格（moral standing）をもつということである」（Warren 1997: 2）。

道徳的地位と権利の関係について、デヴィッド・ドゥグラツィアに倣って、次のように区分しておきたい。権利には区別されるべき三つの意味がある。第一の意味は、道徳的地位である。第二の意味は、平等な配慮である。この意味での権利があるということは、平等な配慮を受けるに値するということである。第三の意味は、功利性超越（utility-trumping）である。この意味での権利があるということは、問題となっている重要な利益を保護することが社会全体に不利益を生じさせるとしても、その利益を保護しなければならないということである。

この区分の意義を確認するために、現代の動物解放運動に大きな影響を与えた功利主義者ピーター・シンガーの議論を見ておこう。シンガーは、動物を考慮に入れるべきだと主張する。考慮に入れるとは、道徳的考慮において位置を占めることである。つまり、シンガーは動物に道徳的地位を附与する。

それだけではなくシンガーは、動物に人間と平等な道徳的地位を附与する。どのような存在であろうと、その苦しみは他の存在の同様な苦しみと同様に算入されるべきであるとする平等の原則を、シンガーは支持する（Singer 2009: 8）。人間の苦しみだけが、特別な重みづけを与えられるわけではない。シンガーの立場は、『動物の解放』第1章の標題が示すように、「すべての動物は平等である」[4]。

しかしながらシンガーは、功利主義者であるため、動物に功利性超越としての権利を与えるべきだとは主張しない。功利主義を信奉するシンガーにとって、権利は重要な道徳語ではない。誤解されることもあるが、その意味でシンガーは動物の権利論者ではない。要するに、権利の３区分にしたがうならば、シンガーは、道徳的地位および平等な配慮の意味での権利を動物に附与するが、功利性超越の意味での権利を附与しない。

本章で論じるのは、動物の道徳的地位である。この問いを、イマヌエル・カントおよびカント主義の立場から、検討していく。

2　カントと動物

(1) ３種類の存在

カントはその講義（『コリンズ道徳哲学』）において、バウムガルテンが執筆した教科書を利用する。その教科書では、義務の名宛人が三つに区分されている。①生命を持たない物、②生物ないし非理性的存在者、③人間ないし理性的存在者である（Kant 27. 413）。こうした３種類の存在者に対して、人は義務を負うだろうか。

カントは言う。「生命を持たない物は、人間の選択意志に完全に服従する」ので、それに対する義務は存在しない。また、「動物に対する義務は、その動物がわれわれと関係するかぎりで義務である」ので、それに対して義務を負うことはない（Kant 27. 413）。こうして、人間以外の存在者に対する義務は、否定される。人間は人間に対してのみ義務を負う。

なぜ人間は、動物に対して義務を負わないのか。その根拠は、動物には自己意識がないことに求められる。「動物は自分自身を意識していないがゆえに、すべての動物は単に手段としてのみ存在し、それ自身のために存在するのではない」（Kant 27. 458–459）。自己意識を持たない動物は、手段として存在するだけである。この点で、目的である人間とは対比される。

(2) 動物に関する義務

このように、人間が動物に対して義務を負うことをカントは否定する。だが、人間が動物に関して義務を負わないと主張するわけではない。カントが例として挙げるのは、伴侶動物としての犬に対する態度である。犬が人間に長期間忠実に仕えたならば、その犬がもはや仕えることができなくなったとしても、死ぬまで飼わなければならない。なぜなら、そうすることで、「人間性に対する自己の義務を促進することになる」からである（Kant 27. 459）。結論として、「われわれは動物に対して直接的には義務を持たない。動物に対する義務は、人間性（Menschheit）に対する間接的な義務である」（Kant 27. 459）。

このことは、『人倫の形而上学』で明確な表現で語れられる。年老いた馬や犬からの永年の奉仕に対して感謝することは、「間接的にはこれらの動物に関する（in Ansehung）人間の義務に属するが、しかし直接的にはそれはいつでもただ人間の自分自身に対する（gegen）義務にすぎない」（Kant 6. 443、強調原文）。ここでは、「X に関する義務」と「X に対する義務」が明確に対比されている。動物について人間が負うのは、動物に関する間接的義務であり、動物に対する直接的義務ではない。

こうした動物に関する間接的義務に含まれるのは、動物を暴力的かつ残虐に取り扱わない義務である（Kant 6. 443）。その根拠は、動物虐待によって、動物の苦痛に対する人間の共感が鈍くなり、人間関係において重要な自然的素質が損なわれてしまうからである。

これに対して、動物を殺害しない義務は動物に関する間接的義務に含まれない。むしろ、動物を殺すことや動物を働かせることは、人間の権能に属しているという。ただし、殺すときにはすばやく苦痛なく殺さなければならないし、働かせるときには能力以上に無理強いせずに働かせなければならない（Kant 6. 443）[5]。

また、動物実験についてカントは言う。「単なる研究のためだけの苦痛の多い生体実験は、それをしなくても目的を達成することができる場合には、嫌悪されるべきである」（Kant 6. 443）。カントは、代替措置があるときの動物実験に対して否定的である。

(3) 類似性

以上のように、動物に対して人間は義務を負わない。そうであるにもかかわらず、人間が動物に関して「人間性に対する間接的な義務」を負うのはなぜか。

ここでカントが援用するのが、人間と動物の類似性である。「動物は人類（Menschheit）の類似物である」(Kant 27. 459)。したがって、「動物を人類の類似物として守るならば、人類に対する義務を遵守しているのであり、人類に対する自己の義務を促進することになる」(Kant 27. 459)。

3　間接的義務テーゼ

以上のカントの議論は、次のテーゼに集約することができる。

間接的義務テーゼ

動物は人類と類似しているがゆえに、人間性に対する自己の間接的な義務として、動物に関する義務を負う。

このテーゼには、解明されるべき論点が五つある。

(1) 動物と人類の類似性

第一の論点は、動物と人類は何が類似しているのかである。

カントが例に挙げるのは、永年奉仕してきた犬や馬である。この例に見られるように、人間と動物の類似性は、外見上の類似性ではない。また同じ哺乳類であるとか、DNAが近いといった生物学的な類似性でもない。それは行為の類似性である。つまり、動物が人間と類似の行為をするために、動物に関して義務が生じる。犬を死ぬまで飼わなければならないのは、その犬が永年忠実に仕えてくれたからである。

カントはこの点を押さえて、正確に言い直す。「人間の行為が由来するのと同一の原理に動物の行為が由来していて、動物の行為が人間の行為の類似物であるとき、われわれには動物に対する義務がある」(Kant 27. 459)。つまり、行為が類似していて、その行為が同一の徳原理に由来するときに、動物に関する義務がある。

しかしながら、こうした行為の類似性に訴えて間接的義務テーゼを擁護する議論に立ちはだかるのが、無生物である。カントは言う。「生命を持たない物件に対する義務も、間接的に人間の義務を指している」(Kant 27. 460)。だが、無生物に対して、類似性の議論を使うことはできない。物は人間に類似していないからである。より正確にいえば、物の行為が人間の行為に類似しているとはいえないからである。そもそも、物の行為を観念することは難しい[6)]。

そうであるにもかかわらず、物についての義務があるとカントは言う。「まだ使用できる物件を破壊しようとする人間の精神は、きわめて不道徳である。人間は誰しも自然の美しさを破壊すべきではない」(Kant 27. 460)。その理由は、「自分がそれを必要とすることがありえないとしても、他の人々がそれを使用する可能性が十分あるからである」(Kant 27. 460)。つまり、「人が物そのものに関しては遵守する必要がないとしても、他の人間に関しては遵守する必要がある」(Kant 27. 460)。

ここでは、動物に関する義務とは別の論拠が援用されている。それは、人間との類似性ではなく、他の人間の使用可能性である。他の人々が使用する可能性があるからこそ、自分では不要であっても、それを保存する義務がある。

こうして見ると、「動物、その他の存在者、および物に対するすべての義務は、間接的に人間性に対する義務を指している」(Kant 27. 460) と言えるとしても、その間接性は同じではない。物に関する義務と対比すると、動物に関する義務は、第一に、他の人間に対する義務ではなく自己に対する義務であり、第二に、使用可能性ではなく人類との類似性が根拠となっている。

人間と同じ徳原理に由来する行為の類似性に依拠する議論は、動物と無生物の間に境界線を引くだけではなく、動物の間にも境界線を引く。

第一の境界線は、行為が類似する動物タイプとそうでない動物タイプの間に引かれる。共感能力をもつがゆえに人類の伴侶動物となってきた犬と、そうでない蚊は、明確に区別されるだろう。蚊をつぶすことは、行為の類似性に依拠した義務違反にはならない。

第二の境界線は、行為が類似する動物トークンとそうでない動物トークンの間に引かれる。犬の中でも、永年仕えた犬とそうでない犬とは明確に区別される。永年仕えていない犬を死ぬまで飼う間接的な義務はない。その結果として、反抗的な犬に関する義務は存在しない。また、野生動物に関する義務や、ウィル・キムリッカの言う「境界動物（liminal animal）」（ハトやネズミのように、人間の居住空間に適応する動物）[7] に関する義務も否定されることになる。

(2) 動物の取扱いと人間性のつながり

第二の論点は、動物の取扱いが人間性に対する義務にどのようにつながるのか、である。

この論点について、カントが『コリンズ道徳哲学』で挙げるのが、イギリスの画家ホガースが描いた銅版画『残酷さの四段階』である。第1段階で犬を虐待していた少年ネロは、第2段階で馬を虐待し、第3段階（残虐さの完成段階）で女性を殺害する[8]。このホガースの銅版画を例として、「動物に対して残酷な行いをする人は、人間に対しても同様に無感覚になる」（Kant 27. 459）ことをカントは示す。

こうしたつながりは、後の『人倫の形而上学』でも繰り返される。カントの考えでは、自然界における生命はないが美しいものについて、それを破壊する性癖は、人間の自己自身に対する義務に反する。さらに、理性はないが生命はある被造物について、「動物を暴力的に、同時に残虐に取り扱うことは、人間の自分自身の義務により徹底的に反している」（Kant 6. 443）。その理由は、「そうすることで、動物の苦痛に対する人間の内なる共感が弱くなり、そのことで、他の人間との関係における道徳性に非常に役立つ自然的素質が弱められ、そのうちに根絶やしにされてしまうからである」(Kant 6. 443)。

だが、このホガースの銅版画に訴える議論は、評判のよいものではない。動物に対する残酷さと人間に対する残酷さがどのようにつながるのか、心理学的な検証に耐える議論が提供されているわけではない（Nussbaum 2005: 330)。

幼少期の動物虐待と成人後の対人暴力の関係は、2通りに解釈できる。第一は、因果関係である。つまり、動物虐待が原因となって対人暴力が生じる。したがって、動物虐待を止めれば、成人後の対人暴力を止められる。第二は、徴候関係である。つまり、幼少期の動物虐待は成人後の対人暴力の前兆である。そのため、動物虐待を止めても成人後の対人暴力を止められるわけではないが、動物虐待をする年少者を特定しておくことで対人暴力を予防できる。

前者の因果関係については、まったく証明されていない。また、後者の徴候関係についても、複数の研究が示すところによれば証拠はない。幼少期の動物虐待は成人後の対人暴力の前兆であるという結論は得られていない（Herzog 2010: chap. 1)。

動物虐待が対人暴力につながる証拠がないとすると、そのつながりに依拠して間接的義務テーゼを擁護することはできなくなる。動物を虐待しないことは直接的義務でないことはもちろんのこと間接的義務でもなく、道徳とは無関係の助言にすぎなくなる（Svoboda 2015: 68)。

カントの議論の問題点を確認するために、「原理主義的人間中心主義者（principled anthropocentrist)」を考えてみよう（Svoboda 2015: 67)。原理主義的人間中心主義者は、人間中心主義を採用しているため、人間とそれ以外を区別し、人間に対する危害は道徳的に不正だが、動物に対する危害は不正でないと考える。また同時に、原理主義的であり、人間とそれ以外を原理的に明確に区別する。そのため、動物を虐待することはあるが、だからといって人間を虐待しようとは思わない。つまり、動物への暴力が人間への暴力につながらない。このとき、心理的傾向性に基づいて動物虐待を義務違反とするカントの議論は、有効性を失うことになる。

このように、動物虐待と対人暴力の連関が不明確であることは、間接的義務テーゼを疑わせる。

(3) 人間性に対する義務

第三の論点は、人間性に対する義務とは何かである。人がそれに対して義務を負う人間性とは何か。ドイツ語のMenschheitは人間性のみならず人類とも訳すことができ、訳し分けられることが通例だが、人は人間性あるいは人類に対して何か義務を負っているのか。

まず確認すべきこととして、人間性に対する義務は、自己自身に対する義務として位置づけられている。つまり、人間性に対する義務は他人に対する義務ではない。

他人ではなく自己自身に対する義務として位置づけることは、人間性に対する義務を弱体化してしまうようにみえる。だがカントによれば、「この自己自身に対する義務が最下級のものであるというのは大間違いである。この義務はむしろ第一級のものであり、すべての義務の中で最も重要なものである」(Kant 27. 341)。なぜなら、「自己自身に対する義務に違反する人は、人間性を投げ捨てるのであり、他人に対する義務を遂行できない」からである(Kant 27. 341)。

ここに見られるように、自己自身に対する義務は、つねに人間性と関連づけられている。「自己自身に対する義務は、人間性の尊厳にのみ関わる」(Kant 27. 343)。

では、動物を虐待する人が投げ捨てる人間性とは何か。自己自身に対する義務に違反する場合を、カントは例示する。大酒を呑むこと、卑屈にへりくだって服従すること、嘘をつくこと、施しを受けること、臆病であること、金銭のために自由を売り渡すこと、金銭のために自分の身体を売り渡すこと(あるいは逆に買うこと)、自殺することである(Kant 27. 342)。こうした例は、他人に害を与えないとしても、自己の人間性を損なうがゆえに、自己自身に対する義務に違反している。

(4) 間接的な義務

第四の論点は、動物に関する義務は間接的なのか、である。ドゥグラツィアは間接的義務テーゼでは、なぜ動物虐待が悪であるかが適切に説明されないと批判する（DeGrazia 2002: 17）。動物虐待が悪であるのは、それが人間相互の契約に違反したからではなく、動物を不必要に傷つけたことにあるのではないか。

カントはそう考えない。問題は、義務の根拠に関わる。そもそも人間が何らかの主体に対して負う義務は、「その主体の意志による道徳的強要」である（Kant 6. 442）。簡潔にいえば、意志が義務づける。

では、誰の意志が義務づけるのか。カントは言う。「強要する（義務づける）主体は、第一に、人格でなければならない。第二に、この人格は経験の対象として与えられていなければならない。なぜなら、人間は人格の意志の目的をめざすべきであり、それは2人の実在する存在者相互の関係においてのみ生じうるからである」（Kant 6. 442）。つまり、ある存在者に対する義務が存在するためには、その存在者は人格と実在性という二つの条件を充たす必要がある。第一の条件である人格とは、「道徳的・実践的な理性の主体」である（Kant 6. 434）。したがって、人間を義務づけるのは、実践理性を持ち実在する存在者のみである。

カントによれば、そのような存在者として経験的に知られているのは、人間のみである。そのため、「人間はただ人間（自己自身または他人）に対する義務の他には、いかなる義務も負わない」ことになる。それ以外の存在者に対する義務を持っているように考えてしまうのは、他の存在者「に関する」（in Ansehung）自己の義務を、その存在者「に対する」（gegen）義務と混同するからである（Kant 6. 442）。

したがって、動物虐待が義務違反であるのは、動物を虐待しないように人間が自己自身に義務づけたからである。動物を虐待する者は、動物を虐待しないように義務づけた自己自身に対して義務違反をしているのであって、動物に対して義務違反をしているのではない。

動物に対する直接的な義務を擁護することはできないだろうか。カントによれば、他人の幸福を促進することは義務である[9]。他人の幸福のために親切にすることが義務であるのは、困窮している人はすべて、他人から手助けされることを願うからである（Kant 6. 393, 451, 453）。

この「他人」に動物も含まれるとすることができるならば、動物の幸福を促進することは義務となる。それは功利主義が辿った道である。だが、カントはそのような「他人」の拡張を望まない。カントはあくまで、他人に対する義務は「人間相互の義務」であるとして、「人間愛」の要請として位置づける（Kant 6. 450）。

（5）徳の完全義務

第五の論点は、動物に関する義務の位置づけである。動物に関わる義務は、『人倫の形而上学』においては、自己自身に対する完全義務として分類されている（Kant 6. 421）。動物虐待は、自殺や虚言と同様、自己自身に対する完全義務に違反する。

自己自身に対する完全義務は、自己の精神的・身体的完全性を促進する不完全義務と対比されている。だが、肝心の完全義務と不完全義務の区別を、カントは『人倫の形而上学』では説明しない。完全義務は『人倫の形而上学の基礎づけ』では、「傾向性を利するための例外をまったく許さない義務」として規定されている（Kant 4. 421）。これと対比すれば、不完全義務は自己利益のための例外を許容する義務となろう。動物に関する義務は完全義務であり、そのような例外を許容しない。たとえば、動物虐待によって多大な満足感をえる嗜虐趣味の人であろうと、動物虐待は許されない。

完全義務と不完全義務の対比と類似するのが、『人倫の形而上学』における法の義務と倫理の義務の対比である。倫理の義務は、特定の行為を遂行するように要求するのではなく、特定の行為基準（格率）を採用するように要求する（Kant 6. 390）。そのため、その行為基準に合致するかぎり、行為者が選択することを許される行為の選択肢がいくつもあるという意味で幅広く、「広い義務」と呼ばれる。換言すれば、特定の行為に対する広い義務の拘束性は「不完全」である。倫理の義務は徳の義務と同一ではないがほぼ重なり、自己強制のみが可能である（Kant 6. 383）。

これに対して、法の義務は特定の行為を遂行するように要求する。そのため、行為者に許された行為の幅は狭く、「狭い義務」と呼ばれる。換言すれば、行為に対する狭い義務の拘束性は「完全」である。法の義務は、倫理の義務とは異なり、自己強制のみならず外的立法が可能である（Kant 6. 239）。外的立法が可能であるということは、義務の理念とは別の動機を許容するということであり、その履行を強制することが可能だということである（Kant 6. 219–220）。

完全義務と不完全義務の対比および法の義務と徳の義務の対比は、狭いか広いかという点では類似するが、同一ではない。人間性に対する義務は、カントの体系において、完全義務でありながら徳の義務であるという位置づけが与えられている。つまり、自己利益のための例外を許容しないが、外的強制は不可能である。人は自己拘束として、自己の人間性を例外なく損なわないように要求される。だが、外からの強制が許されるわけではない。カントの議論に依拠するかぎり、動物に関する義務を法制度に組み込むことはできない。

4　カント主義者と動物

以上のように、カントが論じる動物に関する義務の射程は、きわめて限定的である。その結論に飽き足らないカントの影響下にある現代の哲学者たちは、カントを解釈しながら、動物の保護を正当化する論拠を模索してきた。

(1) ロールズ

まずジョン・ロールズを取り上げよう。動物に対する義務について、ロールズが『正義論』で示唆するのは、第8章「正義感覚」の章末である（Rawls 1971: 512; Rawls 1999: 448）。ロールズの理解では、「正義の構想は道徳理論の一部にすぎない」。その理解のもと、正義感覚の能力を欠く生物に対して、正義の義務を負うわけではない、とロールズは主張する。

しかしながら、ロールズの考えでは、「動物に残酷であることは誤っており」、「同情と人間性の義務が課される」。その根拠は、「快苦を感じる能力と生活様式に関わる能力を動物はもつ」ことに求められる。

もっとも、こうした動物に対する義務は、「正義の理論の射程から外れている」。「契約理論を拡張して動物を包含することは可能でない」というのがロールズの見立てである[10)]。

(2) スキャンロン

正義の理論が道徳理論の一部にすぎないというロールズの構想を、理論的に精緻化したのがトマス・スキャンロンである。スキャンロンは道徳を広義と狭義に区分する。狭義の道徳は、他者に対する義務に関わる。狭義の道徳をスキャンロンは、「相互責任（what we owe to each other）」と名づける（Scanlon 1998: 7）。これこそ、スキャンロンの主著のタイトルである。だが道徳は、相互責任に尽きるわけではない。「一定の種類の性行為や動物種の絶滅につながる行為」の評価も、広義の道徳には含まれる。つまり、動物は広義の道徳において地位をもつ。

では、狭義の道徳においても地位をもつだろうか。問題は、狭義の道徳の「他者」とは誰かである。誰に対して相互責任の義務を負うのか。「どの範囲の生物に対して、人は契約主義の意味で不正を働きうるのか」（Scanlon 1998: 178）。スキャンロンは生物を以下の五つの集合に区分して考察していく。

集合１　「価値をもつ（have a good）」存在。つまり、その存在にとって、物事がよりよかったり悪かったりする存在。たとえば、樹木、植物、森林、湿地帯。

集合２　集合１のうち、意識を持ち、痛みを感じる存在。

集合３　集合２のうち、物事がよかったり悪かったりすることを判断できる存在。より一般的には、判断に反応する態度を採ることのできる存在。

集合４　集合３のうち、道徳的推論に含まれる判断を行うことのできる存在。

集合5　集合4のうち、相互制約・協力のシステムに入ることが、われわれにとって利益となる存在。

スキャンロンの理解では、契約主義は集合1を含まない。「正当化という発想が意味をもつためには、少なくとも意識がありうると言えるような存在であることが必要である」(Scanlon 1998: 179)。

これに対して、集合5は当然に含まれる。また、道徳の目的を協力利益の確保に限定するのでなければ、集合4も含まれる。さらに、集合3と集合4の違いはわずかであり、集合3も含まれる。

動物を虐待することが、苦痛が悪いことであるというだけではなく、動物に対して罪の意識を感じるべきだということを意味するならば、集合2も含まれる。ここで鍵となるのが、信託という発想である。「集合2に属する生物は、それ自身は理由を評価する能力を持たないが、その生物を代表する受託者によって異議をとなえることができる」(Scanlon 1998: 183)。つまり、集合2に属する生物の利益を図る受託者によって、集合2も含まれることになる。

しかしながら、信託という発想を集合1に拡張することは説得的でないとスキャンロンは考える(Scanlon 1998: 183)。自然環境を破壊すべきでない理由は、自然環境の素晴らしさによって説明可能であり、信託という発想を導入しても何も追加されないからである。

結論として、契約主義によって不正の相手方となりうる存在は、少なくとも集合3までであり、信託の観念が適用できると考えられる程度に応じて、集合2も含まれる(Scanlon 1998: 186)。

こうした議論が、生物の道徳的地位の問題を解決しないことをスキャンロンは認める(Scanlon 1998: 185)。だがスキャンロンは、問題を考察するための二つの手がかりを与えている(Ashford and Mulgan 2012)。

第一は、道徳の多層化である。道徳を単層的に捉えるのではなく、複数の層から成るものとして捉えることで、生物の道徳的地位をより正確に捉えることが可能になる。

第二は、信託である。道徳的推論を行うことができない者の利益を考慮して、受託者が受益者を代表することが可能となる。

もっとも、スキャンロンの議論が間接的義務テーゼを否定するかどうかは明確でない。スキャンロンの用いる信託という観念の含意が明確でないからである。人間が動物の利益を考慮する義務を負うとき、それは受益者たる動物に対する直接的義務なのか、それとも受託者たる人間に対する間接的義務なのか。

(3) コースガード

この疑問に直接答えて、間接的義務テーゼを明確に否定するのが、クリスティン・コースガードである（Korsgaard 2004; Korsgaard 2011; Korsgaard 2013）[11]。

コースガードは、人間と動物の違いを否定するわけではない。むしろ、人間と動物の相違点を確認する。人間と動物の相違点として、しばしば指摘されるのが自己意識の有無である。動物は世界に気づいているとしても、自己には気づいていないといわれる。だが、肝心の自己意識とは何か。

コースガードの考えでは、それは鏡像テストによってわかるような自己意識ではない（Korsgaard 2011: 101）。類人猿やイルカのように、鏡像テストを通過する動物には自己意識があるかもしれない。だが鏡像テストを通過しない動物であっても、単に世界に気づいているだけではなく、世界（獲物）と自己の位置関係に気づいているといえそうである。

動物と人間の相違を示すのは、みずからの信念や行為の根拠についての意識の有無である。この意味での自己意識は、理性の起源であり、知性とは区別される（Korsgaard 2011: 103）。問題を解くことのできる動物は知性をもつ。知性は原因と結果の関係に関わる。だが、理性は精神状態や態度とその結果の関係に関わる。つまり、行為は動機によって正当化されるか、推論は信念によって正当化されるかを問うのが理性である。

こうした理性をもつ存在は、自己の行為や信念を合理的な規範にあわせることができる。この意味での自律（規範的自己統治）こそ、道徳の本質である（Korsgaard 2011: 103）。こうした自律の能力をもつのは、人間だけである。したがって、人間は合理的で道徳的な動物であるが、他の動物はそうでない。

ここまでは、カントの議論と変わらない。コースガードがカントを離れるのはここからである。コースガードによれば、〈自律の能力をもつのが人間だけである〉ということが意味するのは、〈人間は動物に対して義務を負わない〉ということではない。むしろ、〈動物は人間に対して義務を負わない〉ということである（Korsgaard 2011: 103）。

自律とは、みずからの定立した法にしたがうということである。重要なのは、立法をするという価値と立法で考慮される価値は異なるということである（Korsgaard 2004: 21）。この相違は、たとえば受動的市民に現れている。未成年者のような受動的市民は、立法する権限は認められていないが、その利益は立法において考慮されるべきである。

では、立法で考慮されるのは何か。ここでコースガードが導入するのが、「自然価値（natural good）」という観念である（Korsgaard 2004: 28; Korsgaard 2011: 92）。いかなる存在者も、一定の機能や目的に資するように作られている。その機能や目的をはたすことを可能にするものが、自然価値である。たとえば良質のガソリンは、自動車の機能を促進するので、自動車にとって自然価値がある。この意味で、いかなる存在者も「価値をもつ（have a good）」。

自動車は、それ自身に資するためではなく人間に資するために存在するので、その機能はそれ自身の外部にある。これに対して、植物の機能はそれ自身の維持である。それがそれ自体にとって価値があるという意味で、植物は自動車よりも深い意味で価値をもつ。さらに、動物はそれ自身のニーズが充足することを経験する能力をもつ。この意味で、植物よりもさらに深い意味で価値をもつ。「あるものが動物にとって自然に価値があるというのは、動物の観点から見て価値があるということである」（Korsgaard 2004: 31、強調瀧川）。このように観点をもつという点、換言すれば、「それ自体にとって意味をもつ（matter to itself）」（Korsgaard 2004: 30）という点で、人間と動物は共通する。

たしかに、自然価値はそれ自体で規範的価値ではない。だが、人間が自己を目的自体として捉えるとき、自然価値に規範的価値を与えることになる。「人間の自律的性質のみならず動物的性質をも、人間は目的自体であると捉える」(Korsgaard 2004: 31)。つまり、価値を附与するのは自律的性質だが、動物的性質にも価値が附与される。そのときに決定的に重要なのは、ある存在者が観点をもつこと、換言すればそれ自体にとって意味をもつことである。動物はそのような存在者であるため、動物は考慮されるべきである[12)]。

結論として、動物に対する人間の義務が、われわれの自己自身に対する義務から生じると考える点で、カントは正しい。こうした義務が動物に対するものではないと考える点で、カントは誤っている(Korsgaard 2011: 109)。

コースガードの議論を、ジュリア・マルコヴィッツは次のように敷衍する(Markovits 2014: 167)。人格と物件の区別は、目的と手段の区別ではない。トロフィー・ワイフのように、自分の成功証明の目的で配偶者を扱うことが問題なのは、人格を目的ではなく手段として扱うことにあるわけではない。むしろ、人格を「客体化(objectify)」することこそが問題である。

したがって重要なのは、客体化か否かの区別である。換言すれば、「物が意味をもつ存在(beings to whom things matter)」と、「その存在に対して意味をもつ物(things that matter to them)」の区別である。前者に、「理性的存在だけでなく、主体の中心として捉えるに十分なほど高度な精神生活をもつ動物も含まれることは確かである」(Markovits 2014: 193)。

5　我汝契約と動物

以上の検討から、現代カント主義の動物理論について一定の見通しを得ることができる。

カントの議論では、理性のある存在、すなわち人間だけが道徳的地位をもつ。人間は人間に対して義務を負うのであり、動物に対して義務を負わない。動物が道徳的に考慮されるのは、動物に対する態度が人間に対する態度に影響を与えるかぎりにすぎない。

現代のカント主義者は、それを修正しようとする。動物を人間と同等に扱うことを要求するわけではない。人間と同等ではないが、それ自体として動物を考慮に入れるべきだと考える。そのために採用するのが、道徳の多層化である。

そのときに重要なのが、コースガードの言う「それ自体にとって意味をもつ」という観念である[13]。動物が飢えないことや痛めつけられないことは、人間にとって意味をもつだけではなく、その動物自体にとって意味をもつ。その意味で、そこに対して他とは異なる世界が開けていること[14]、一定の観点をもつことは、道徳的に重要であり、そのような存在を考慮することは不可欠である。スキャンロンの議論でいえば、そのような存在に対しては正当化が要求される。たとえその存在が理性をもたず、理由を直接理解できないとしてもである。このように、正当化をしないでは済ませられない存在として動物を承認する点で、カントの議論を修正している。

では、なぜ動物は正当化を要する存在なのか。永年仕えた自転車を廃棄してよいのに、永年仕えた犬を廃棄してはならないのはなぜか。私の考えでは、ここで効いてくるのが、カントが提示していた論拠、すなわち類似性である。**3 (2)** で検討したように、動物の取扱いと人間性のつながりが不明確であることがカントの議論の欠陥だったが、その欠陥は類似性によって治癒される。

道徳の契約主義は、道徳は契約にもとづくと考える。たとえば他者に危害を加えない義務は、危害を加えないという契約に由来する。道徳の契約主義には二つのタイプがある。我々契約（we contract）と我汝契約（you and I contract）である。前者の典型がロールズである。ここで論じたいのは、後者である[15]。

我が汝と契約するのは、汝が我に類似しているからである。より正確にいえば、汝が我に類似していると我が考えるがゆえに、我は汝と契約する。第一の汝に類似している者が第二の汝となる。我は第二の汝と契約する。こうして類似性は拡張される。

こうしたプロセスを経て、我と類似する者の間で契約したものが道徳となる。我が人間である以上、人間の道徳は必然的に人間中心主義とならざるをえない。契約の相手方は我に類似している者に限定されるからである。誰が我に類似しているかは、我の自己理解を示す。つまり、誰が道徳契約の相手方となるかという問いは、ひるがえって、我とは何か、人間とは何かという問いである。そこで試されているのは、人間の自己理解である。何に道徳的地位があるという問いに対する回答は、その回答者の自己理解を開示する。

それ自身にとって意味がある存在、観点をもつ存在、そこに世界が開けている存在を、「意味的存在」と呼ぼう。意味的存在との間で理由のやりとりができないとしても、それに対して正当化が必要であると我は考える。なぜか。我と類似しているからである。何が類似しているのか。正当化が必要な性質をもつという点である。だが、そうした性質をもつか否かは、結局我が判断するのではないか。そのとおりである。正当化を要求してこないにもかかわらず、ある存在に対して我との類似性を根拠として契約するか否かを判断するのは我である。このことこそ、自己自身に対する義務ということで言い当てられていたことである。

以上のように、意味的存在である動物は道徳的地位をもつ。だがそのことは、人間と平等な配慮を受けるに値するということや、功利性超越の意味での権利をもつということではない。気候変動において動物をどの程度考慮するかは、気候変動の動物への影響を含めて、次の段階で検討されるべき残された課題である。

注

1）　http://www.ipcc.ch/publications_and_data/publications_and_data_reports.shtml

2）　生物多様性がなぜ重要であるかも、貧困との関係で説明される。生物多様性が重要なのは、薬理学・栄養学の観点から見て生物種が経済的価値をもつからである（Moellendorf 2014: 38）。ただし、価値多元主義の発想に基づき、種の美的価値も考慮に入れるべきだとする（Moellendorf 2014: 49）。

3）　本章で検討するカント的契約主義が、未来世代への責務を説明できるか否かについて論争が続いている。否定的な議論として、参照、Gardiner 2009. 肯定的な議論として、参照、Kumar 2009. また未来世代への責任については、参照、本書第4章・第5章。

4)　リチャード・ポズナーが読み解くように、シンガーの『動物の解放』は一般に受け止められる以上に反直観的である。たとえば、犬が人間の子どもに嚙みつこうとしていて、それを防ぐためには犬にひどい苦痛を与えるしかないときに、シンガーは犬に嚙ませておけと主張することになる（Posner 2004: 64）。

では、ポズナーの「動物」には何が含まれるか。シンガーは初版（1975年版）では、小エビとカキの間で線引きをすることが妥当だと提案し、ベジタリアンになってもカキやホタテを食べ続けていたが、2009年版では改説し、カキやホタテが痛みを感じないということに確信が持てないとして、これらを食べないほうがよいと提案するに至っている（Singer 2009: 174）。最近の研究によれば、魚も痛みを感じるようである。魚は、損傷を受けたことを無意識下で検知する（これは「侵害受容」と呼ばれる）だけではなく、損傷を受けた痛みを意識的に経験している。したがって、「現在鳥類や哺乳類に与えられている福祉の考慮を、魚類には与えなくてもよいとする論理的な根拠はどこにもない」と主張されている（Braithwaite 2010＝2012: 152）。

5)　動物を殺さない義務や動物を働かせない義務を否定しながら、カントはなぜ動物殺害や動物労役にこのような条件をつけるのか。それはおそらく、こうした条件をつけずに動物を殺すことや働かせることが、動物虐待に該当するからだろう。それはひいては、人間に対する虐待につながってしまいかねない。そのためカントは、「人間でも我慢しなければならない程度の労働」に限って、動物に課すことを許容するのである（Kant 6. 443）。さもないと、人間に対しても、人間の我慢の限界を超えた労働をさせてしまいかねないからである。

6)　だがもしかしたら、「永年一緒にいたぬいぐるみ」といった表現は、違和感なく受け取られるかもしれない。永年一緒にいたぬいぐるみを引き裂く行為は、嫌悪されるべきではないだろうか。それは徳の義務に反しないだろうか。永年一緒にいてぼろぼろになったぬいぐるみに関する義務は、すぐ後で述べる他の人間の使用可能性によって説明することは困難である。しかしながら、永年役立ってくれた自転車に関する義務はなさそうなことからすると、ぬいぐるみの擬人化がわれわれの直感に作用していそうである。

7)　キムリッカは家畜動物と野生動物の二分法に代えて、境界動物を加えた三分法を提唱し、境界動物をデニズンとのアナロジーで検討するという興味深い議論を展開してる（Donaldson and Kymlicka 2011: chap. 11）。

8)　ちなみに第4段階は、残虐さの報いとして殺害者が解剖される様子が描かれる。

9)　幸福とは、「自分の状態に、それが永続することを確信するかぎりで、満足すること」である（Kant 6. 387）。他人の幸福に含まれるのは、肉体的福祉（physische Wohlfahrt）と道徳的福利（moralische Wohlsein）である（Kant 6. 393）。

10)　では逆になぜ、人間は正義の理論の射程に含まれるのか。ロールズは、「人間が正義に原理にしたがって扱われるべき理由である、人間の特性」（Rawls 1971: 504; Rawls 1999: 441）として二つ挙げる。善の構想をもつ能力と正義感覚をもつ能力である（Rawls 1971: 505; Rawls 1999: 442）。つまり、合理的な人生計画を策定し正義の原理に基づいて行為する能力をもつため、人間は契約理論の枠内にいる。

11)　本稿の脱稿後、Korsgaard 2018 が出版された。これはコースガードの動物理論の完成版といえるものであるが、残念ながらその検討は別の機会に譲らねばならない。
12)　この主張に対しては、〈規範的価値を附与するのは、人間の動物的性質に対してであり、動物の動物的性質ではないのでないか〉という疑問が当然に湧いてくるだろう。この疑問に対するコースガードの応答は、その疑問は欺瞞的だというものである。そのような疑問を抱く者に対しては、自分から自律的性質が奪われるときにも同じことが言えるかを問うことが有効だとコースガードは言う（Korsgaard 2004: 31, n. 67)。だが、規範的価値を附与されるべきなのは自律的性質であるが、その自律的性質を実効化するために必要な動物的性質にも、それに限って規範的価値を附与するという主張は、欺瞞的ではないだろう。そのため、上記の疑問に対するコースガードの回答は、十分なものとはいえない。
13)　アリス・クラリーによれば、人間であること、あるいは一定の種の動物であること（たとえば、犬であること）は、それ自体として道徳的価値をもつ。このことは、その種の生物の生命において何が意味をもつかを理解することで示されるはずだと、クラリーは主張する。つまり、「それ自体にとって意味をもつ」というのは、その種の生物にとって意味をもつということである。そのため、精神に障害のある犬も、たとえば飢えないことや痛めつけられないことが「犬という種にとって意味をもつ」といえる限り、道徳的に価値をもつ（Crary 2016: chap. 4)。
14)　世界が開けるとは、マルティン・ハイデガーのいう世界開示である。私がそこに世界が開ける点であるのと同様に、動物はそこに世界が開ける点である。その観点は、私の観点とは異なり、しかもその観点に私は届かない。私はその観点を取ることができない。
15)　ジョセフ・ヒースは論文「世代間協力の構造」で、間接的互恵性という発想を用いることで、契約主義によって世代間協力を説明してみせた。ヒースが着目するのは、全世代による契約ではなく、近接する 2 世代による契約であり、近接二世代の非対称的な契約が全世代に利益をもたらすことを示す（Heath 2013)。ここで試みるのは、垂直的なヒースの着想を水平面に写像することで、生物に対する義務を位置づけることである。

文献　※カントの著作については、アカデミー版の巻数とページ数のみで言及する。

Ashford, Elizabeth and Tim Mulgan, 2012, “Contractualism,” *Stanford Encyclopedia of Philosophy*.

Braithwaite, Victoria, 2010, *Do Fish Feel Pain?* Oxford: Oxford University Press（＝高橋洋訳 2012『魚は痛みを感じるか？』紀伊國屋書店）

Crary, Alice, 2016, *Inside Ethics: On the Demands of Moral Thought*, Cambridge, Mass.: Harvard University Press.

DeGrazia, David, 2002, *Animal Rights: A Very Short Introduction*, Oxford: Oxford University Press.（＝戸田清訳 2003『動物の権利』岩波書店）

Donaldson, Sue and Will Kymlicka, 2011, *Zoopolis: A Political Theory of Animal Rights*, Oxford: Oxford University Press.（＝青木人志・成廣孝監訳 2016『人と動物の政治共同体：「動物の権利」の政治理論』尚学社）

Fitzpatrick, Tony, 2014, *Climate Change and Poverty: A New Agenda for Developed Nations*, Bristol: Polity Press.

Gardiner, Stephen M., 2009, "A Contract on Future Generations?" in Axel Gosseries and Lukas H. Meyer（eds.）, *Intergenerational Justice*, Oxford: Oxford University Press, pp. 77–118.

Heath, Joseph, 2013, "The Structure of Intergenerational Cooperation," *Philosophy and Public Affairs* 41(1): 31–66.

Herzog, Harold, 2010, *Some We Love, Some We Hate, Some We Eat: Why It's So Hard to Think Straight About Animals*, New York: HarperCollin.

Kant, Immanuel, 1785, *Grundlegung zur Metaphysik der Sitten*, Frankfurt am Main: Suhrkamp,（＝平田俊博訳 2000「人倫の形而上学の基礎づけ」『カント全集 7』岩波書店）

——, 1797, *Die Metaphysik der Sitten*, Frankfurt am Main: Suhrkamp（＝樽井正義・池尾恭一訳 2002『カント全集 11　人倫の形而上学』岩波書店）

——, *Moralphilosophie Collins*, Kant's gesammelte Schriften, herausgegeben von der Akademie der Wissenschaften der DDR, Band XXVII.（＝御子柴善之訳 2002「コリンズ道徳哲学」『カント全集 20　講義録 II』岩波書店）

Korsgaard, Christine M., 2004, *Fellow Creatures Kantian Ethics and Our Duties to Animals*, The Tanner Lecture on Human Values.

——, 2011, "Interacting with Animals: A Kantian Account," in Tom L. Beachamp and R. G. Frey（eds.）, *The Handbook of Animal Ethics*, Oxford: Oxford University Press, pp. 91–118.

——, 2013, "Kantian Ethics, Animals, and the Law," *Oxford Journal of Legal Studies* 33(4): 629–648.

——, 2018, *Fellow Creatures: Our Obligations to the Other Animals*. Oxford: Oxford University Press.

Kumar, Rahul 2009 "Wronging Future People: A Contractualist Proposal," in Axel Gosseries and Lukas H. Meyer（eds.）, *Intergenerational Justice*, Oxford: Oxford University Press, pp. 251–272.

Markovits, Julia, 2014, *Moral Reason*, Oxford: Oxford University Press.

Moellendorf, Darrel, 2014, *The Moral Challenge of Dangerous Climate Change: Values, Poverty, and Policy*, New York: Cambridge University Press.

Nussbaum, Martha, 2006, *Frontiers of Justice: Disability, Nationality, Species Membership*, Cambridge, Mass.: Harvard University Press.（＝神島裕子訳 2012『正義のフロンティア：障碍者・外国人・動物という境界を越えて』法政大学出版局）

Palmer, Clare, 2011, "Does Nature Matter in the Ethics of Climate Change?" in Denis

G. Arnold (ed.), *The Ethics of GLobal Climate Change*, Cambridge: Cambridge University Press, pp. 272–291.

Posner, Richard A., 2004, "Animal Rights: Legal, Philosophical, and Pragmatic Perspectives," in Cass R. Sunstein and Martha C. Nussbaum (eds.), *Animal Rights: Current Debates and New Directions*, Oxford: Oxford University Press, pp. 51–77.

Rawls, John, 1971, *A Theory of Justice*, Cambridge, Mass.: Harvard University Press.

——, 1999, *A Theory of Justice*, rev. ed., Cambridge, Mass.: Harvard University Press. (＝川本隆史・福間聡・神島裕子訳 2010『正義論　改訂版』紀伊國屋書店)

Singer, Peter, 2009, *Animal Liberation: The Definitive Classic of the Animal Movement*, New York: Harper Collins.

Scanlon, Thomas M., 1998, *What We Owe to Each Other*, Cambridge, Mass.: Harvard University Press.

Svoboda, Toby, 2015, *Duties Regarding Nature: A Kantian Environmental Ethic*, New York: Routledge.

Warren, Mary Anne, 1997, *Moral Status: Obligations to Persons and Other Living Things*, Oxford: Oxford University Press.

人名索引

ア行

カ行

サ行

タ行

ナ行

ハ行

マ行

ラ行

事項索引

ア行

カ行

サ行

タ行

ナ行

ハ行

マ行

ヤ行

ラ行

執筆者紹介（50音順、＊編著者）

阿部　久恵（あべ・ひさえ）　第1章翻訳、第6章
京都大学大学院総合生存学館元博士課程生。

井上　彰（いのうえ・あきら）　第5章
東京大学大学院総合文化研究科国際社会科学専攻准教授。政治哲学・倫理学専攻。『正義・平等・責任』（岩波書店、2017年）、『人口問題の正義論』（共編著、世界思想社、2019年）、『ロールズを読む』（編著、ナカニシヤ出版、2018年）、『政治理論とは何か』（共編著、風行社、2014年）、『実践する政治哲学』（共編著、ナカニシヤ出版、2012年）ほか。

宇佐美　誠（うさみ・まこと）＊　はしがき、第1章翻訳、第2章、第6章
京都大学大学院地球環境学堂教授。法哲学専攻。『決定』（東京大学出版会、2000年）、『公共的決定としての法』（木鐸社、1993年）、『グローバルな正義』（編著、勁草書房、2014年）、『ドゥオーキン』（共編著、勁草書房、2011年）、『法学と経済学のあいだ』（編著、勁草書房、2010年）、『法哲学』（共著、有斐閣、2014年）ほか。

後藤　玲子（ごとう・れいこ）　第7章
一橋大学経済研究所教授。経済哲学専攻。『潜在能力アプローチ』（岩波書店、2017年）、『福祉の経済哲学』（ミネルヴァ書房、2015年）、『正義の経済哲学』（東洋経済新報社、2002年）、『福祉の公共哲学』（共編著、東大出版会、2004年）、『福祉と正義』（共著、東大出版会、2008年）、『アマルティア・セン』（共著、実教出版、2001年）ほか。

佐野　亘（さの・わたる）　第3章
京都大学大学院人間・環境学研究科教授。公共政策学専攻。『公共政策規範』（ミネルヴァ書房、2010年）、『公共政策学』（共編著、ミネルヴァ書房、2018年）、『政策学的思考とは何か』（共著、勁草書房、2005年）ほか。

シュー、ヘンリー（Shue, Henry）　第1章
オックスフォード大学マートン・カレッジ政治学・国際関係論名誉教授。政治哲学専攻。*Fighting Hurt*（Oxford University Press, 2016）; *Climate Justice*（Oxford University Press, 2014）; *Basic Rights*, 2nd ed.（Princeton University Press, 1996）; *Climate Justice*（co-editor, Oxford University Press, 2018）; *Climate Ethics*（co-editor, Oxford University Press, 2010）ほか。

瀧川　裕英（たきかわ・ひろひで）　第8章
立教大学法学部教授。法哲学専攻。『国家の哲学』（東京大学出版会、2017年）、『責任の意味と制度』（勁草書房、2003年）、『問いかける法哲学』（編著、法律文化社、2016年）、『逞しきリベラリストとその批判者たち』（共編著、ナカニシヤ書店、2015年）、『法哲学』（共著、有斐閣、2014年）、『自由と権利』（ジョセフ・ラズ著、共訳、勁草書房、1996年）ほか。

森村　進（もりむら・すすむ）　第4章
一橋大学大学院法学研究科教授。日本法哲学会理事長。法哲学専攻。『法哲学講義』（筑摩選書、2015年）、『自由はどこまで可能か』（講談社現代新書、2001年）、『財産権の理論』（弘文堂、1995年）、『権利と人格』（創文社、1989年）、『増補版 政治における合理主義』（M.オークショット著、共訳、勁草書房、2013年）ほか。

気候正義

地球温暖化に立ち向かう規範理論

2019年1月20日　第1版第1刷発行

編著者　宇佐美(うさみ)　誠(まこと)

発行者　井　村　寿　人

発行所　株式会社　勁(けい)　草(そう)　書　房

112-0005　東京都文京区水道2-1-1　振替　00150-2-175253
（編集）電話 03-3815-5277／FAX 03-3814-6968
（営業）電話 03-3814-6861／FAX 03-3814-6854
理想社・松岳社

ISBN978-4-326-10272-3　Printed in Japan

http://www.keisoshobo.co.jp